Springer-Lehrbuch

Frank Riedel • Philipp C. Wichardt
Christina Matzke

Arbeitsbuch zur Mathematik für Ökonomen

Übungsaufgaben und Lösungen

Prof. Dr. Frank Riedel
Universität Bielefeld
Institut für Mathematische
Wirtschaftsforschung
Universitätsstr. 25
33615 Bielefeld
Deutschland
friedel@wiwi.uni-bielefeld.de

Christina Matzke
Bonn Graduate School of Economics
Adenauerallee 24-26
53113 Bonn
Deutschland
christina.matzke@uni-bonn.de

Dr. Philipp C. Wichardt
Bonn Graduate School of Economics
Adenauerallee 24-26
53113 Bonn
Deutschland
philipp.wichardt@uni-bonn.de

ISSN 0937-7433
ISBN 978-3-642-03508-1   e-ISBN 978-3-642-03509-8
DOI 10.1007/978-3-642-03509-8
Springer Heidelberg Dordrecht London New York

Die Deutsche Nationalbibliothek verzeichnet diese Publikation in der Deutschen Nationalbibliografie; detaillierte bibliografische Daten sind im Internet über http://dnb.d-nb.de abrufbar.

© Springer-Verlag Berlin Heidelberg 2009
Dieses Werk ist urheberrechtlich geschützt. Die dadurch begründeten Rechte, insbesondere die der Übersetzung, des Nachdrucks, des Vortrags, der Entnahme von Abbildungen und Tabellen, der Funksendung, der Mikroverfilmung oder der Vervielfältigung auf anderen Wegen und der Speicherung in Datenverarbeitungsanlagen, bleiben, auch bei nur auszugsweiser Verwertung, vorbehalten. Eine Vervielfältigung dieses Werkes oder von Teilen dieses Werkes ist auch im Einzelfall nur in den Grenzen der gesetzlichen Bestimmungen des Urheberrechtsgesetzes der Bundesrepublik Deutschland vom 9. September 1965 in der jeweils geltenden Fassung zulässig. Sie ist grundsätzlich vergütungspflichtig. Zuwiderhandlungen unterliegen den Strafbestimmungen des Urheberrechtsgesetzes.
Die Wiedergabe von Gebrauchsnamen, Handelsnamen, Warenbezeichnungen usw. in diesem Werk berechtigt auch ohne besondere Kennzeichnung nicht zu der Annahme, dass solche Namen im Sinne der Warenzeichen- und Markenschutz-Gesetzgebung als frei zu betrachten wären und daher von jedermann benutzt werden dürften.

Einbandentwurf: WMXDesign GmbH, Heidelberg

Gedruckt auf säurefreiem Papier

Springer ist Teil der Fachverlagsgruppe Springer Science+Business Media (www.springer.com)

Vorwort

In der modernen Volkswirtschaftslehre spielen mathematische Methoden eine zentrale Rolle. Unabhängig davon, ob es um das konkrete mathematische Modellieren von Ideen oder um die statistische Auswertung empirischer Daten geht, am Ende ist ein mathematisches Grundverständnis vonnöten, um sich in die jeweilige Methodik einzuarbeiten und den entsprechenden Argumenten zu folgen. Um sich dieses Grundverständnis anzueignen, ist es hilfreich, die verschiedenen Methoden nicht nur theoretisch zu lernen, sondern auch anhand von Übungsaufgaben zu trainieren. Zum einen fördert das problembezogene Nachdenken ein besseres Verständnis der Methoden an sich. Zum anderen helfen die gemachten Fehler zu erkennen, wo noch konkreter „Forschungsbedarf" besteht.

Das vorliegende Übungsbuch, welches eine Vielzahl von Aufgaben zu verschiedenen in den Wirtschaftswissenschaften zentralen mathematischen Konzepten enthält, ist eine Ergänzung zur zweiten Auflage des Lehrbuchs „Mathematik für Ökonomen" von Frank Riedel und Philipp Wichardt. Der Inhalt der Aufgaben orientiert sich daher an der Struktur des zu Grunde liegenden Lehrbuchs. Um eine möglichst breite Verwendbarkeit zu garantieren, haben wir uns allerdings bemüht, für die Bearbeitung der Aufgaben wichtige Definitionen und Konzepte zu Anfang des jeweiligen Kapitels in Aufgabenform abzufragen. In den Lösungen finden sich dann die entsprechenden Definitionen. Der größte Teil der Aufgaben sollte somit auch von Lesern bearbeitet werden können, die mit dem behandelten Stoff noch weniger vertraut sind oder das zu Grunde liegende Lehrbuch zufällig gerade nicht in Reichweite haben.

Zu den Aufgaben selbst ist zu bemerken, dass fortgeschrittene Aufgaben mit einem Stern „*" und besonders schwierige Aufgaben mit zwei Sternen „**" gekennzeichnet sind. Natürlich ist es nicht leicht, den Schwierigkeitsgrad einer Aufgabe objektiv zu bestimmen. Sollten Sie also beim Bearbeiten einmal das Gefühl haben, dass auch eine Aufgabe ohne Stern Sie viel Zeit gekostet hat, so verlieren Sie nicht den Mut, sondern ergänzen Sie einfach für sich das Sternchen, welches wir vermutlich nur vergessen haben!

Zu guter Letzt möchten wir uns noch ganz herzlich bei den Tutoren der Bonner Vorlesung Mathematik A des Wintersemesters 2008/09 Meral Cakici, Andreas Esser, Venuga Yokeeswaran, Florian Zimmermann und insbesondere Christian Hilpert für Kommentare und Korrekturen der behandelten Aufgaben bedanken. Ihre Unterstützung hat sehr zur Lesbarkeit der im Folgenden besprochenen Aufgaben und zur Verständlichkeit der angegebenen Lösungen beigetragen. Wir danken Wiebke Auli Wichardt für die Korrektur von diversen Tipp- und Rechtschreibfehlern.

Bielefeld und Bonn   Christina Matzke, Frank Riedel
im Juni 2009   und Philipp Wichardt

Inhaltsverzeichnis

Teil I Grundlagen

1 Mengen 3

2 Zahlen 11

3 Vollständige Induktion 17

Teil II Analysis I

4 Funktionen 29

5 Folgen und Grenzwerte 35

6 Stetigkeit 47

7 Differentialrechnung 53

8 Optimierung I 59

9 Integration 65

Teil III Lineare Algebra

10 Vektorräume 79

11 Lineare Gleichungssysteme 91

12 Weiterführende Themen 101

Teil IV Analysis II

13 Topologie 111
14 Differentialrechnung im $\mathbb{R}^p$ 117
15 Optimierung II 129

# Teil I

Grundlagen

1
Mengen

Aufgaben

Aufgabe 1.1 Welche der folgenden Ausdrücke sind Mengen?

a) $\{1, 2, 3, 6\}$

b) (r, q, w)

c) $\{0, 3, 2, 8\}$

d) $\{\emptyset, 1, \{1\}\}$

e) $[4, w, r]$

Aufgabe 1.2 Sei $M = \{1, 2\}$ und $N = \{2, 3, 4\}$. Welche der folgenden Aussagen sind sinnvoll, und wenn sie sinnvoll sind, welche sind richtig?

a) $M \subset N$

b) $N \subset M$

c) $M = N$

d) $2 \in M$

e) $3 \subset M$

f) $\{2, \{3, 4\}\} \subset N$

Aufgabe 1.3 Sei $M_k = \{-k, k\}$ für $k = 2, 3, \ldots$. Bestimmen Sie

$$\bigcup_{k=2}^{\infty} M_k \, .$$

Aufgabe 1.4 Sei $M = \{1, 2\}$ und $N = \{2, 3, 4\}$. Bestimmen Sie:

a) $M \cup N$

b) $N \cap M$

c) $(M \cup N) \setminus M$

d) $M \times N$

e) M^3

Aufgabe 1.5 Sei $X = \{0, 1, \ldots, 100\}$ die Menge der natürlichen Zahlen von 0 bis 100. Geben Sie die Komplemente der folgenden Mengen an:

a) $A = \{x \in X \mid x \text{ ist gerade}\}$

b) $B = \{x \in X \mid x \text{ ist Vielfaches von 4}\}$

c) $C = \{x \in X \mid x < 44\}$

d) $D = \{x \in X \mid 3x > 90\}$

e) $A \cup B$

Aufgabe 1.6 Sei R eine binäre Relation auf der Menge $X \subset \mathbb{R}$.

a) Definieren Sie folgende Eigenschaften der Relation R auf der Menge X.

   1) Transitivität

   2) Symmetrie

   3) Vollständigkeit

   4) Reflexivität

b) Welche Eigenschaften muss die Relation R auf der Menge X erfüllen, damit es sich hierbei um eine Äquivalenzrelation auf der Menge X handelt?

Aufgabe 1.7 Sei $A \subset \mathbb{R}$ eine Menge und B_i mit $i = 1, \ldots, n$ Teilmengen von A.

a) Was muss erfüllt sein, damit die B_i ($i = 1, \ldots, n$) eine Partition von A bilden?

b) Welche der folgenden Systeme (aus Teilmengen) sind Partitionen von $A = \{1, 2, 3, 4, 5, 6\}$ und welche nicht? Begründen Sie Ihre Antwort.

1) $P_1 = \{\{1, 3, 5\}, \{2\}, \{4, 6, 7\}\}$

2) $P_2 = \{\{1, 2, 3, 4, 5, 6\}\}$

3) $P_3 = \{\emptyset, \{1\}, \{2\}, \{3\}, \{4\}, \{5\}, \{6\}\}$

4) $P_4 = \{\{1, 2\}, \{1, 2, 3\}, \{4, 5, 6\}\}$

5) $P_5 = \{\{1, 3, 5\}, \{2, 4, 6\}\}$

6) $P_6 = \{\{6, 3\}, \{1, 4\}, \{2\}\}$

7) $P_7 = \{\{3, 6\}, \{1, 5\}, \{2, 4\}\}$

8) $P_8 = \{\{1\}, \{2\}, \{3\}, \{4\}, \{5\}, \{6\}\}$

Aufgabe 1.8 Ein Außerirdischer betrachtet die Menge alle Wörter. Er stellt fest, dass ein Wort W_1 genauso gut klingt wie ein Wort W_2, wenn sowohl W_1 als auch W_2 ein „d" enthalten. Zudem stellt er fest, dass ein Wort W_3 genauso gut klingt wie ein Wort W_4, wenn beide ein „e" enthalten. Enthalten zwei Wörter W_5 und W_6 keinen der beiden Buchstaben „d" oder „e", so klingen sie für ihn auch gleich gut. Handelt es sich bei der Relation „genauso gut wie" um eine Äquivalenzrelation auf der Menge aller Wörter?

Aufgabe 1.9* Sei R eine Äquivalenzrelation auf einer Menge X. Zeigen Sie, dass die Äquivalenzklassen eine Partition von X bilden.

1 Mengen

Lösungen

Lösung 1.1

a) $\{1, 2, 3, 6\}$ ist die Menge, die 1, 2, 3 und 6 enthält.

b) (r, q, w) ist eine 1×3 Matrix mit den Einträgen r,q,w.

c) $\{0, 3, 2, 8\}$ ist die Menge, die 0, 3, 2 und 8 enthält.

d) $\{\emptyset, 1, \{1\}\}$ ist die Menge, die die leere Menge, 1 und die Menge die 1 enthält enthält.

e) $[4, w, r]$ ist nicht sinvoll definiert. $[w, r]$ ist das abgeschlossene Intervall von w bis r.

Lösung 1.2

a) Der Ausdruck $M \subset N$ ist sinnvoll, richtig ist er jedoch nicht, da 1 nicht Element von $\{2, 3, 4\}$ ist, deswegen kann $\{1, 2\}$ nicht Teilmenge von $\{2, 3, 4\}$ sein: $M \subset N \Leftrightarrow \{1, 2\} \subset \{2, 3, 4\} \Rightarrow 1 \in \{2, 3, 4\}$ (offensichtlich falsch).

b) Der Ausdruck $N \subset M$ ist sinnvoll, richtig ist er jedoch nicht, da 3, 4 nicht Element von $\{1, 2\}$ sind, deswegen kann $\{2, 3, 4\}$ nicht Teilmenge von $\{1, 2\}$ sein: $N \subset M \Leftrightarrow \{2, 3, 4\} \subset \{1, 2\} \Rightarrow 3, 4 \in \{1, 2\}$ (offensichtlich falsch).

c) Der Ausdruck $M = N$ ist sinnvoll, richtig ist er jedoch nicht, da: $N = M \Leftrightarrow N \subseteq M$ und $M \subseteq N$ (bereits in a) und b) widerlegt).

d) $2 \in M$ ist sinnvoll und richtig, da $2 \in M \Leftrightarrow 2 \in \{1, 2\}$.

e) 3 ist keine Menge, also kann 3 auch keine Teilmenge von M sein. Der Ausdruck ist nicht sinnvoll.

f) Ausdruck $\{2, \{3, 4\}\} \subset N$ ist sinnvoll, jedoch falsch, da N zwar die Elemente 3, 4 enthält, nicht jedoch die Menge $\{3, 4\}$: $\{2, \{3, 4\}\} \subset N \Leftrightarrow \{2, \{3, 4\}\} \subset \{2, 3, 4\} \Rightarrow \{3, 4\} \in \{2, 3, 4\}$ - die letzte Aussage ist aber falsch (es gilt nur $\{3, 4\} \subset \{2, 3, 4\}$).

Lösung 1.3

$$\bigcup_{k=2}^{\infty} M_k = \bigcup_{k=2}^{\infty} \{-k, k\} = \{-2, 2\} \cup \{-3, 3\} \cup \{-4, 4\} \cup \ldots = \mathbb{Z} \setminus \{-1, 0, 1\}$$

Lösung 1.4

a) $\{1, 2, 3, 4\}$

b) $\{2\}$

c) $\{3, 4\}$

d) $\{(1, 2), (1, 3), (1, 4), (2, 2), (2, 3), (2, 4)\}$

e) $\{(1, 1, 1), (1, 1, 2), (1, 2, 2), (2, 2, 2), (2, 1, 1), (2, 1, 2), (2, 2, 1), (1, 2, 1)\}$

Lösung 1.5

a) $A^c = \{x \in X \mid x \text{ ist ungerade}\}$

b) $B^c = \{x \in X \mid x \text{ ist kein Vielfaches von 4}\}$

c) $C^c = \{x \in X \mid x \geq 44\}$

d) $D^c = \{x \in X \mid x \leq 30\}$

e) $(A \cup B)^c = A^c \cap B^c = A^c$, da $B \subset A$.

Lösung 1.6

a) 1) R ist transitiv, wenn sich die Relation über Zwischenglieder fortsetzt, d. h. wenn für alle $x, y, z \in X$ aus xRy und yRz folgt, dass auch xRz gilt.

 2) R ist symmetrisch, wenn jede Relationsbeziehung auch in ihrer Umkehrung gilt, d. h. wenn für alle $x, y \in X$ gilt, dass aus xRy auch yRx folgt.

 3) R ist vollständig, wenn für je zwei Elemente $x, y \in X$ entweder xRy oder yRx gilt.

4) R ist reflexiv, wenn alle $x \in X$ zu sich selbst in Relation stehen, d. h. wenn für alle $x \in X$ xRx gilt.

b) Reflexivität, Symmetrie, Transitivität

Lösung 1.7

a) Sei A eine Menge und $B_i \subseteq A$, $i \in I$ mit Indexmenge I, eine Familie von nichtleeren Teilmengen von A. Dann nennt man $\{B_i\}_{i \in I}$ eine Partition von A, wenn gilt, dass der Durchschnitt von je zwei unterschiedlichen Mengen aus $\{B_i\}_{i \in I}$ leer ist, d. h. für alle i, j mit $i \neq j$ gilt $B_i \cap B_j = \emptyset$, und wenn die Vereinigung aller B_i wieder A ergibt, d. h. $\bigcup_{i \in I} B_i = A$.

b) 1) $P_1 = \{\{1,3,5\},\{2\},\{4,6,7\}\}$ ist keine Partition von A, da „7" nicht in A enthalten ist, es gilt also **nicht** $\bigcup_{i \in I} B_i = A$.

2) $P_2 = \{\{1,2,3,4,5,6\}\}$ ist eine Partition von A.

3) $P_3 = \{\emptyset, \{1\}, \{2\}, \{3\}, \{4\}, \{5\}, \{6\}\}$ ist keine Partition von A, da B_i nichtleer sein müssen.

4) $P_4 = \{\{1,2\},\{1,2,3\},\{4,5,6\}\}$ ist keine Partition von A, da sie nicht disjunkt ist, d. h. in diesem Fall, dass die 1 und die 2 sowohl in der ersten als auch in der zweiten Teilmenge enthalten sind.

5) $P_5 = \{\{1,3,5\},\{2,4,6\}\}$ ist eine Partition von A.

6) $P_6 = \{\{6,3\},\{1,4\},\{2\}\}$ ist keine Partition von A, da die Vereinigung aller Elemente von P_3 nicht ganz A ergibt (die 5 fehlt).

7) $P_7 = \{\{3,6\},\{1,5\},\{2,4\}\}$ ist eine Partition von A.

8) $P_8 = \{\{1\},\{2\},\{3\},\{4\},\{5\},\{6\}\}$ ist eine Partition von A.

Lösung 1.8 Die Relation „genauso gut wie" definiert keine Äquivalenzrelation auf der Menge aller Wörter, da diese Relation nicht transitiv ist: Das Wort „**doof**" klingt genauso gut wie „**Depp**" und „**Depp**" klingt genauso gut wie „**Esel**", aber „**doof**" klingt nicht genauso gut wie „**Esel**".

Lösung 1.9* Die R-Äquivalenzklasse von $y \in X$ ist die Teilmenge $[y]_R = \{x \in X \mid x \sim_R y\} \subseteq X$. Die Reflexivität stellt sicher, dass jedes Element $x \in X$ in mindestens einer Äquivalenzklasse ($[x]_R$) liegt. Des Weiteren ist die Disjunktheit der Äquivalenzklassen zu zeigen, d. h. jedes Element von X ist in genau einer Äquivalenzklasse enthalten: Seien $[a]_R \subseteq X$ und $[b]_R \subseteq X$ zwei Äquivalenzklassen mit $x \in [a]_R \cap [b]_R$. Sei $y \in [a]_R \setminus [b]_R$, dann gilt $y \sim_R x$ (da $x, y \in [a]_R$) und (im Widerspruch dazu) $y \not\sim_R x$ (da $y \notin [b]_R$, aber $x \in [b]_R$). Damit ist gezeigt, dass die Äquivalenzklassen eine Partition von X bilden.

2
Zahlen

Aufgaben

Aufgabe 2.1 Geben Sie eine Mengendarstellung für das Intervall $[a,b] \subset \mathbb{R}$ an.

Aufgabe 2.2 Sei K eine Menge und „+" und „·" zwei binäre Verknüpfungen. Des Weiteren sei das Tripel $(K, +, \cdot)$ ein Körper. Aus wie vielen Elementen muss die Menge K mindestens bestehen? Begründen Sie Ihre Antwort.

Aufgabe 2.3 Zeigen Sie, dass die „kleiner oder gleich"-Ordnung $\leq$ reflexiv (das heißt $x \leq x$ für alle $x \in \mathbb{R}$) und transitiv (d. h. aus $x \leq y$ und $y \leq z$ folgt $x \leq z$ für alle $x, y, r \in \mathbb{R}$) ist.

Aufgabe 2.4 Der Betrag einer komplexen Zahl $z = x + iy$ ist durch ihre geometrische Länge gegeben, $|z| = \sqrt{x^2 + y^2}$. Man nennt $\bar{z} = x - iy$ die zu z komplex konjugierte Zahl. Berechnen Sie:

a) $\bar{\bar{z}} = z$

b) $z\bar{z} = |z|^2$

c) $\overline{z_1 + z_2} = \overline{z_1} + \overline{z_2}$

Aufgabe 2.5 Lösen Sie innerhalb der komplexen Zahlen folgende Gleichungen:

a) $z^2 + 2z + 2 = 0$

b) $z^3 + z = 0$

c) $z^4 = 1$

Achten Sie darauf, dass die Gleichungen jeweils 2, 3 bzw. 4 Lösungen haben. Zeichnen Sie die Lösungen in die komplexe Zahlenebene ein.

Aufgabe 2.6 Berechnen Sie folgende Ausdrücke:

a) $(3 + 4i)(4 - i)$

b) $\frac{1}{i}$

c) $(2 + i)^3$

d) $\frac{3+i}{4-i}$

Aufgabe 2.7 Stellen Sie folgende komplexe Zahlen in Polarkoordinaten dar und zeichnen Sie sie in ein Koordinatensystem ein:

a) $1 + i$

b) $3 + 4i$

c) $4 + 3i$

d) $-1 - i$

e) $12 - i$

Benutzen Sie den Satz des Pythagoras, um die Länge der Vektoren zu berechnen.

Lösungen

Lösung 2.1
$$[a, b] = \{x \in \mathbb{R} \mid a \leq x \leq b\}$$

Lösung 2.2 Jeder Körper enthält wenigstens zwei Elemente, d. h. „der" kleinste Körper ist $K = \{0, 1\}$ versehen mit $0+0 = 1+1 = 0$, $0 + 1 = 1 + 0 = 1$ sowie $0 \cdot 0 = 0 \cdot 1 = 1 \cdot 0 = 0$, $1 \cdot 1 = 1$ und „0" dem neutralen Element der Addition und „1" dem neutralen Element der Multiplikation, da:

K1 $(K, +, 0)$ ist eine abelsche Gruppe,

K2 $(K \setminus \{0\}, \cdot, 1)$ ist eine abelsche Gruppe,

K3 Für alle $a, b, c \in K$ gilt das Distributivgesetz:
$$a \cdot (b + c) = (a \cdot b) + (a \cdot c),$$
$$(a + b) \cdot c = (a \cdot c) + (b \cdot c).$$

Lösung 2.3
Ordnung Auf den reellen Zahlen ist die Relation $>$ (sprich: *ist größer als*) erklärt. Diese Ordnung ist *vollständig*, das heißt, es gilt entweder $x > y$, $x = y$ oder $y > x$. Sie ist auch *transitiv*, das heißt, aus $x > y$ und $y > z$ folgt $x > z$. Ferner ist die Ordnung mit den Rechenarten verträglich: Wenn man zu einer Ungleichung auf beiden Seiten eine Zahl z addiert, so bleibt die Ungleichung bestehen. Aus $x > y$ folgt für beliebige z auch $x + z > y + z$. Wenn man eine Ungleichung mit einer *positiven* Zahl multipliziert, bleibt sie erhalten: Aus $x > y$ folgt für $z > 0$ auch $xz > yz$.

Die anderen bekannten Ordnungsrelationen kann man aus der Größer–Ordnung ableiten, wie folgende Definition zeigt.

Definition 1 *Man setze $x < y$ (sprich: x ist kleiner als y) genau dann, wenn $y > x$. Ferner gelte $x \leq y$ (sprich: x ist kleiner oder gleich y) genau dann, wenn entweder $x < y$ oder $x = y$. Schließlich sei $x \geq y$ (sprich: x ist größer oder gleich y) genau dann, wenn $x > y$ oder $x = y$.*

Reflexivität: Da $x = x$ ist, gilt auch (entweder $x < x$ oder $x = x$), und damit $x \leq x$.

Transitivität: Sei $x \leq y$ und $y \leq z$. Zu zeigen ist: $x \leq z$. Laut Definition bedeutet dies: $x < z$ oder $x = z$. Es müssen also zwei Fälle unterschieden werden:

1. Fall: $x = y$. Dann ist $x = y \leq z$ und man ist schon fertig.

2. Fall: $x < y$. Fall 2a: $y = z$. Dann gilt natürlich auch $x < z$ und damit $x \leq z$. Fertig! Fall 2b: $y < z$. Dann hat man also $z > y$ und $y > x$ laut Definition von „<". Wegen der Transitivität von $<$ folgt nun $z > x$. Laut Definition von $<$ gilt $x < z$. Laut Definition von $\leq$ gilt also $x \leq z$. Fertig!

Lösung 2.4

a) $\bar{\bar{z}} = \overline{\overline{x + iy}} = \overline{x - iy} = x - (-iy) = z$

b) $z\bar{z} = (x + iy)(x - iy) = x^2 - (i^2 y^2) = x^2 + y^2 = |z|^2$

c) $\overline{z_1 + z_2} = \overline{(x_1 + x_2) + i(y_1 + y_2)} = (x_1 + x_2) - i(y_1 + y_2) = (x_1 - iy_1) + (x_2 - iy_2) = \overline{z_1} + \overline{z_2}$

Lösung 2.5

a) Mit Hilfe der p-q-Formel erhält man: $z = -1 \pm \sqrt{1 - 2} = -1 \pm i$.

b) Man schreibe die Gleichung als $z(z^2 + 1) = 0$. Dies ist wahr, wenn $z = 0$ oder $z^2 + 1 = 0$, also wenn $z = 0$ oder $z = \pm i$ gilt.

c) $z = \pm 1, \pm i$.

Lösung 2.6 Mit Hilfe einfacher Umformungen bzw. Erweiterungen erhält man:

$$(3 + 4i)(4 - i) = 16 + 13i$$
$$\frac{1}{i} = \frac{i}{i^2} = \frac{i}{-1} = -i$$
$$(2 + i)^3 = (4 + 4i - 1)(2 + i) = 2 + 11i$$
$$\frac{3 + i}{4 - i} = \frac{(3 + i)(4 + i)}{(4 - i)(4 + i)} = \frac{11}{17} + \frac{7}{17}i.$$

Lösung 2.7 Mit Hilfe vom Satz des Pythagoras läßt sich die Länge der Vektoren (einer komplexen Zahl der Form $z = a + ib$) folgendermaßen berechnen: $r = \sqrt{a^2 + b^2}$. Der entsprechende Winkel φ läßt sich nun mit Hilfe der einfachen Regeln $\cos(\varphi) = a/r$ bzw. $\sin(\varphi) = b/r$ ermitteln.

$$(r, \varphi) = (\sqrt{2}, \pi/4)$$
$$(r, \varphi) = (5, \arcsin(4/5))$$
$$(r, \varphi) = (5, \arcsin(3/5))$$
$$(r, \varphi) = (\sqrt{2}, -\pi/4)$$
$$(r, \varphi) = (\sqrt{145}, \arcsin(-1/\sqrt{145}))$$

Beachten Sie, dass der Winkel jeweils im Bogenmaß angegeben ist und die folgenden Additionstheoreme verwendet wurden:

$$\sin(x \pm \pi) = -\sin(x)$$
$$\cos(x \pm \pi) = -\cos(x).$$

3
Vollständige Induktion

Aufgaben

Aufgabe 3.1 Zeigen Sie, dass gilt:

a)
$$\sum_{k=0}^{n} \binom{n}{k} = 2^n$$

b)
$$\sum_{k=0}^{n} \binom{n}{k} (-1)^k = 0$$

[Tipp: Binomischer Lehrsatz].

Aufgabe 3.2 Beweisen Sie mit Hilfe der vollständigen Induktion, dass $\sum_{i=1}^{n}(2i-1) = n^2$ gilt.

Aufgabe 3.3 Zeigen Sie mit Hilfe der vollständigen Induktion, dass für jede Zahl $x \neq 1$ und $n = 1, 2, \ldots$ die geometrische Summenformel gilt:
$$\sum_{i=0}^{n} x^i = \frac{1 - x^{n+1}}{1 - x}.$$

Aufgabe 3.4 Man definiere die natürlichen Zahlen ausgehend von der leeren Menge. Man setze $0 := \emptyset$ und dann induktiv
$$n + 1 := \{0, 1, \ldots, n\} \, .$$

Geben Sie die Zahlen von 1 bis 4 explizit in dieser Form an.

3 Vollständige Induktion

Aufgabe 3.5 Beweisen Sie per Induktion, dass für alle natürlichen Zahlen $n \geq 1$ gilt

a) $1 + 2 + \ldots + n = \frac{n(n+1)}{2}$

b) $1^2 + 2^2 + 3^2 + \ldots + n^2 = \frac{n(n+1)(2n+1)}{6}$

c) $3^n > n^2$.

Aufgabe 3.6

a) Beweisen Sie per Induktion, dass eine Menge mit $n \geq 2$ Elementen genau $\binom{n}{2}$ Teilmengen mit genau zwei Elementen hat.

*b) Verallgemeinern Sie Aufgabenteil a) wie folgt: Für festes $n \geq 2$ beweisen Sie per Induktion, dass eine Menge mit n Elementen genau $\binom{n}{k}$ Teilmengen mit genau k Elementen hat, wobei $k \leq n$.

**c) Beweisen Sie mit Hilfe von Aufgabenteil *b) den binomischen Lehrsatz.

Aufgabe 3.7 Zeigen Sie mit Hilfe der vollständigen Induktion, dass folgende Formel für $n = 1, 2, \ldots$ gilt:

$$\sum_{i=1}^{n} i^3 = \left(\frac{1}{2}n(n+1)\right)^2.$$

Aufgabe 3.8* Das nachfolgende Argument beweist per Induktion, dass alle Menschen dasselbe Geschlecht haben.

Induktionsanfang: Betrachte eine einelementige Menge. Offensichtlich haben alle Menschen in dieser Menge dasselbe Geschlecht.

Induktionsschritt: Die Behauptung sei bewiesen für Mengen der Mächtigkeit n. Wenn man nun eine Menge der Mächtigkeit $n+1$ hat, etwa

$$M = \{a_1, a_2, \ldots, a_{n+1}\},$$

dann kann man diese aufteilen in zwei Mengen der Mächtigkeit n, etwa

$$M_0 = \{a_1, \ldots, a_n\}$$

und
$$M_1 = \{a_2, \ldots, a_{n+1}\}.$$

Laut Induktionsvoraussetzung haben alle Menschen in M_0 und M_1 dasselbe Geschlecht. Da sich die beiden Mengen überlappen und $M = M_0 \cup M_1$ gilt, haben auch alle Menschen in M dasselbe Geschlecht.
Frage: Wo liegt der Fehler?

Aufgabe 3.9 Eine Folge (a_n) heißt arithmetisch, wenn für eine Zahl c und alle $n \in \mathbb{N}$ gilt:
$$a_{n+1} - a_n = c.$$

Zeigen Sie per Induktion, dass es für arithmetische Folgen stets eine Zahl $c \in \mathbb{R}$ gibt mit $a_n = a_0 + cn$.

Lösungen

Induktionsbeweis - Allgemeine Vorgehensweise: Die vollständige Induktion ist eine Beweismethode, um eine Aussage $A(n)$ für alle natürlichen Zahlen $n \in \mathbb{N}$ zu zeigen. Sie läßt sich in zwei Schritte unterteilen, den *Induktionsanfang* und den *Induktionsschritt*. Im Induktionsanfang zeigt man die Aussage für die erste natürliche Zahl n_0, für die die Aussage gelten soll, also z. B. Null oder Eins. Der Induktionsschritt baut auf der *Induktionsvoraussetzung* auf, d. h. es wird angenommen, dass die Aussage für jedes $n \in \mathbb{N}$ gilt, und man zeigt unter dieser Voraussetzung die Aussage für $n+1$. Hat man beide Schritte, also den Induktionsanfang *und* den Induktionsschritt durchgeführt, ist die Aussage für alle $n \geq n_0$ bewiesen. Der Induktionsanfang sorgt für die Verankerung der Aussage an einer natürlichen Zahl n_0 und durch den Induktionsschritt kann die zu zeigende Aussage auf alle folgenden natürlichen Zahlen erweitert werden ($n_0 \to n_0 + 1$, $n_0 + 1 \to n_0 + 2$, etc.).

Lösung 3.1 Für die erste Summe wählt man $a = b = 1$ im binomischen Lehrsatz:

$$2^n = (1+1)^n = \sum_{k=0}^{n} \binom{n}{k} 1^{n-k} 1^k.$$

Für die zweite Summe wählt man $a = 1$, $b = -1$

$$0 = (1-1)^n = \sum_{k=0}^{n} \binom{n}{k} 1^{n-k} (-1)^k.$$

Lösung 3.2
Induktionsanfang ($n = 1$):

$$\sum_{i=1}^{1} (2i-1) = 2 - 1 = 1 = 1^2$$

Induktionsschritt (Beweis der Aussage für $n+1$ unter Voraussetzung der Richtigkeit der Aussage für n):

$$\sum_{i=1}^{n+1} (2i-1) = \sum_{i=1}^{n} (2i-1) + 2(n+1) - 1$$
$$= n^2 + 2(n+1) - 1 = n^2 + 2n + 1$$
$$= (n+1)^2$$

Damit ist der Induktionsschritt vollzogen und die Richtigkeit der Aussage für allgemeine n bewiesen.

Lösung 3.3
Induktionsanfang ($n = 1$):
$$\sum_{i=0}^{1} x^i = x^0 + x^1 = 1 + x = \frac{(1+x)(1-x)}{1-x} = \frac{1-x^2}{1-x}$$

Induktionsschritt (Beweis der Aussage für $n+1$ unter Voraussetzung der Richtigkeit der Aussage für n):
$$\sum_{i=0}^{n+1} x^i = \sum_{i=0}^{n} x^i + x^{n+1}$$
$$= \frac{1 - x^{n+1}}{1-x} + x^{n+1}$$
$$= \frac{1 - x^{n+1} + x^{n+1} - x^{n+2}}{1-x}$$
$$= \frac{1 - x^{n+2}}{1-x}$$

Lösung 3.4
$$1 = 0 + 1 := \{\emptyset\}$$
$$2 = 1 + 1 := \{\emptyset, \{\emptyset\}\}$$
$$3 = 2 + 1 := \{\emptyset, \{\emptyset\}, \{\emptyset, \{\emptyset\}\}\}$$
$$4 = 3 + 1 := \{\emptyset, \{\emptyset\}, \{\emptyset, \{\emptyset\}\}, \{\emptyset, \{\emptyset\}, \{\emptyset, \{\emptyset\}\}\}\}$$

Lösung 3.5

a) Induktionsanfang ($n = 1$):
$$1 = \frac{1(1+1)}{2} = 1$$

Induktionsschritt (Beweis der Aussage für $n+1$ unter Voraussetzung der Richtigkeit der Aussage für n):
$$\sum_{k=1}^{n+1} k = \sum_{k=1}^{n} k + (n+1)$$
$$= \frac{n(n+1)}{2} + (n+1)$$
$$= \frac{n(n+1) + 2(n+1)}{2}$$
$$= \frac{(n+1)(n+2)}{2}$$

b) Induktionsanfang ($n = 1$):

$$1 = 1^2 = \frac{1(1+1)(2 \cdot 1 + 1)}{6} = 1$$

Induktionsschritt (Beweis der Aussage für $n+1$ unter Voraussetzung der Richtigkeit der Aussage für n):

$$\sum_{k=1}^{n+1} k^2 = \sum_{k=1}^{n} k^2 + (n+1)^2$$
$$= \frac{n(n+1)(2n+1)}{6} + (n+1)^2$$
$$= \frac{n(n+1)(2n+1) + 6(n+1)^2}{6}$$
$$= \frac{(n+1)(2n^2 + 7n + 6)}{6}$$
$$= \frac{(n+1)[(n+1)+1][2(n+1)+1]}{6}$$

c) Induktionsanfang (in diesem Fall für $n = 1$ und $n = 2$):

$$(n = 1): \quad 3 = 3^1 > 1^2 = 1 \,;\, (n = 2): \quad 9 = 3^2 > 2^2 = 4$$

Induktionsschritt (Beweis der Aussage für $n+1$ unter Voraussetzung der Richtigkeit der Aussage für n):

$$3^{n+1} = 3 \cdot 3^n > 3n^2$$
$$> n^2 + 2n + 1 = (n+1)^2 \quad \text{für} \quad n \geq 2,$$

da für $n \geq 2$ gilt: $2n \leq n^2$ und $1 < n^2$.

Lösung 3.6

a) Induktionsanfang ($n = 2$):
Eine Menge mit 2 Elementen hat genau eine $\left(1 = \binom{2}{2}\right)$ Teilmenge mit genau zwei Elementen, nämlich die Menge selbst.

Induktionsschritt (Beweis der Aussage für $n+1$ unter Voraussetzung der Richtigkeit der Aussage für n):
Man nehme an, eine Menge mit $n > 2$ Elementen habe $\binom{n}{2} = \frac{n!}{2(n-2)!}$ Teilmengen mit genau zwei Elementen. Fügt man nun ein Element hinzu und erweitert so die n-elementige Menge zu einer $(n+1)$-elementigen, so erhält man zusätzlich n zweielementige Teilmengen

(und zwar bestehend aus dem neuen Element und jeweils einem der „alten" n Elemente). D. h. man muss n zu $\binom{n}{2} = \frac{n!}{2(n-2)!}$ addieren:

$$\begin{aligned}
\frac{n!}{2(n-2)!} + n &= \frac{n! + 2n(n-2)!}{2(n-2)!} \\
&= \frac{n!(n-1) + 2n(n-1)(n-2)!}{2(n-1)(n-2)!} \\
&= \frac{(n+1)!}{2(n-1)!} \\
&= \binom{n+1}{2}.
\end{aligned}$$

*b) Zu zeigen ist, dass eine Menge mit (festen) $n \geq 2$ Elementen genau $\binom{n}{k}$ Teilmengen mit genau k Elementen hat. Man mache den Induktionsbeweis also über k.

Induktionsanfang:
Der Induktionsanfang folgt direkt für $k = 2$ aus Aufgabenteil a). Für $k = 1$ gibt es trivialerweise genau $\binom{n}{1} = n$ ein-elementige Teilmengen.

Induktionsschritt (Beweis der Aussage für $k + 1$ unter Voraussetzung der Richtigkeit der Aussage für k):
Man nehme an, dass eine Menge mit $n \geq 2$ Elementen genau $\binom{n}{k}$ ($k < n$) Teilmengen mit genau k Elementen hat. Zu jeder dieser Teilmengen können $n - k$ verschiedene Elemente hinzugefügt werden, um dann Teilmengen mit $k + 1$ Elementen zu erhalten. Jede der neuen $\binom{n}{k}(n - k)$ Teilmengen kommt dann (k+1)-mal vor, so dass es schließlich

$$\binom{n}{k}\frac{n-k}{k+1} = \binom{n}{k+1}$$

Teilmengen gibt.

**c) Schreibt man die linke Seite des binomischen Lehrsatzes in der folgenden Form:

$$(a+b)^n = \underbrace{(a+b) \cdot \ldots \cdot (a+b)}_{n-mal},$$

so lässt sich das Argument aus Aufgabenteil *b) anwenden. Beim Ausmultiplizieren nehme man aus jeder Klammer entweder ein a

oder ein b. Sei k die Anzahl der Klammern, aus denen man b wählt und entsprechend $n-k$ die Anzahl der Klammern, aus denen man a wählt. Nun summiert man über alle möglichen k zwischen Null und n auf:

$$(a+b)\cdot\ldots\cdot(a+b) = \sum_{k=0}^{n} f_k a^{n-k} b^k.$$

f_k ist dabei die Anzahl an Summanden, bei denen k-mal b und $(n-k)$-mal a gewählt wird. Nach Aufgabenteil *b) existieren genau $\binom{n}{k}$ Möglichkeiten, aus den n Klammern k-mal ein b auszuwählen, d. h. $f_k = \binom{n}{k}$.

Lösung 3.7
Induktionsanfang ($n=1$):

$$\sum_{i=1}^{1} i^3 = 1^3 = 1 = \left(\frac{1}{2}1(1+1)\right)^2$$

Induktionsschritt (Beweis der Aussage für $n+1$ unter Voraussetzung der Richtigkeit der Aussage für n):

$$\sum_{i=1}^{n+1} i^3 = \sum_{i=1}^{n} i^3 + (n+1)^3$$
$$= \left(\frac{1}{2}n(n+1)\right)^2 + (n+1)^3$$
$$= (n+1)^2 \frac{1}{4}(n+2)^2$$
$$= \left(\frac{1}{2}(n+1)(n+2)\right)^2$$

Lösung 3.8* Der Induktionsanfang und der Induktionsschritt sind in sich richtig; das Problem liegt im Übergang vom Induktionsanfang zum Induktionsschritt. Der Induktionsschritt gilt nicht für den Übergang von der einelementigen Menge zur zweielementigen Menge, sondern nur für $n \to n+1$ mit $n \geq 2$. Für n=2 lässt sich nun aber kein Induktionsanfang finden und somit ist die Behauptung falsch.

Lösung 3.9
Induktionsanfang ($n = 1$):
Nach der Definition der arithmetischen Folge gilt:
$$a_1 = a_0 + c.$$

Induktionsschritt (Beweis der Aussage für $n + 1$ unter Voraussetzung der Richtigkeit der Aussage für n):
Laut der Definition einer arithmetischen Folge gilt:
$$a_{n+1} = a_n + c = a_0 + nc + c = a_0 + (n+1)c.$$

Teil II

Analysis I

4
Funktionen

Aufgaben

Aufgabe 4.1 Definieren Sie folgende Eigenschaften einer Funktion $f : X \to Y$:

a) Injektivität

b) Surjektivität

c) Bijektivität

Aufgabe 4.2 Sei X die Menge aller Einwohner Bonns (mit entsprechendem Hauptwohnsitz und Personalausweis). Betrachten Sie folgende Funktionen $f : X \to Y$, $Y \subseteq \mathbb{N}$

a) $f(x)$ ist das Alter von x.

b) $f(x)$ ist die Nummer des Personalausweises von x.

c) $f(x)$ ist die Hausnummer des Hauses, in dem x wohnt.

Welche dieser Funktionen sind injektiv, surjektiv oder bijektiv? Falls möglich bestimmen Sie die Umkehrfunktion.

Aufgabe 4.3 Welche der folgenden Funktionen sind injektiv, surjektiv bzw. bijektiv? Begründen Sie Ihre Antwort und berechnen Sie gegebenenfalls die zugehörige Umkehrfunktion.

a) $f_1 : \mathbb{N} \to \mathbb{N}$ mit $f_1(x) = 5x$

b) $f_2 : \mathbb{R} \to \mathbb{R}$ mit $f_2(x) = x^3$

c) $f_3 : \mathbb{Z} \to \mathbb{Z}$ mit $f_3(x) = x$

d) $f_4 : \mathbb{N} \to \mathbb{R}$ mit $f_4(x) = x^2$

Aufgabe 4.4 Geben Sie eine Bijektion zwischen den natürlichen Zahlen und allen Vielfachen von 3 an. Berechnen Sie deren Umkehrfunktion.

Aufgabe 4.5 Bestimmen Sie für folgende Funktionen $f : \mathbb{R} \to \mathbb{R}$ jeweils die Bildmenge von $[0,1]$ sowie das Urbild von $[1,2]$:

a) $x \mapsto 0$,

b) $x \mapsto x^2$,

c) $x \mapsto -x$,

d) $x \mapsto 3x - 5$.

Aufgabe 4.6 *(Hilberts Hotel)*

a) Zeigen Sie, dass die Menge $\{2, 3, \ldots\}$ dieselbe Mächtigkeit wie $\mathbb{N}$ hat.

b) Zeigen Sie, dass „*Hilberts Hotel*" (benannt nach dem berühmten deutschen Mathematiker David Hilbert) niemals ausgebucht ist — „*Hilberts Hotel*" hat (abzählbar) unendlich viele Zimmer mit den Nummern $1, 2, 3, \ldots$.

Lösungen

Lösung 4.1

a) Eine Funktion $f: X \to Y$ heißt injektiv, wenn für alle $x, x' \in X$ gilt:
$$f(x) = f(x') \Rightarrow x = x'.$$

b) Eine Funktion $f: X \to Y$ heißt surjektiv, wenn $f(X) = Y$ gilt.

c) Ist eine Funktion $f: X \to Y$ injektiv und surjektiv, so heißt sie bijektiv.

Lösung 4.2

a) Die Funktion f ist surjektiv, aber nicht injektiv und daher nicht bijektiv; eine Umkehrfunktion existiert somit nicht.

b) Die Funktion f ist sowohl injektiv als auch surjektiv und daher bijektiv; die Umkehrfunktion $f^{-1}(y)$ bestimmt gerade diejenige Person, die den Personalausweis mit Personalausweis-Nr. $f(x) = y$ besitzt.

c) Die Funktion f ist surjektiv, aber nicht injektiv und daher nicht bijektiv; eine Umkehrfunktion existiert somit nicht.

Lösung 4.3

a) Die Funktion $f_1 : \mathbb{N} \to \mathbb{N}$ mit $f_1(x) = 5x$ ist injektiv, aber nicht surjektiv (die Zahl 1 liegt beispielsweise nicht im Bild von f_1). Folglich ist f_1 nicht bijektiv.

b) Die Funktion $f_2 : \mathbb{R} \to \mathbb{R}$ mit $f_2(x) = x^3$ ist sowohl injektiv als auch surjektiv. Mit anderen Worten: f_2 ist bijektiv. Die Umkehrfunktion von f_2 ist gegeben durch $f_2^{-1} : \mathbb{R} \to \mathbb{R}$ mit
$$f_2^{-1}(y) = \begin{cases} \sqrt[3]{y}, & y \geq 0 \\ -\sqrt[3]{-y}, & y < 0 \end{cases}.$$

c) Die Funktion $f_3 : \mathbb{Z} \to \mathbb{Z}$ mit $f_3(x) = x$ ist sowohl injektiv als auch surjektiv und somit bijektiv. Die Umkehrfunktion von f_3 ist gegeben durch $f_3^{-1} : \mathbb{Z} \to \mathbb{Z}$ mit
$$f_3^{-1}(y) = y \ .$$

d) Die Funktion $f_4 : \mathbb{N} \to \mathbb{R}$ mit $f_4(x) = x^2$ ist injektiv, aber nicht surjektiv (nicht alle reellen Zahlen werden durch f_4 erreicht). Folglich ist f_4 nicht bijektiv.

Lösung 4.4

Nachfolgend ist ein Beispiel angegeben:
$$f : \mathbb{N} \to \{y \in \mathbb{N} \mid y \text{ ist Vielfaches von } 3\},$$
$$x \mapsto 3x \ .$$

Die Umkehrfunktion zu f ist
$$f^{-1} : \{y \in \mathbb{N} \mid y \text{ ist Vielfaches von } 3\} \to \mathbb{N},$$
$$x \mapsto \frac{x}{3}$$

Lösung 4.5

a) Bildmenge von $[0, 1]$: $\{0\}$;

   Urbild von $[1, 2]$: existiert nicht

b) Bildmenge von $[0, 1]$: $[0, 1]$;

   Urbild von $[1, 2]$: $[-\sqrt{2}, -1] \cup [1, \sqrt{2}]$

c) Bildmenge von $[0, 1]$: $[-1, 0]$;

   Urbild von $[1, 2]$: $[-2, -1]$

d) Bildmenge von $[0, 1]$: $[-5, -2]$;

   Urbild von $[1, 2]$: $[2, 7/3]$

Lösung 4.6

a) $\{2,3,\ldots\}$ und $\mathbb{N}$ sind gleich mächtig, da sich eine Bijektion

$$f : \{2,3,\ldots\} \to \mathbb{N}$$

finden lässt. Die entsprechende Abbildung ist gegeben durch: $x \mapsto x - 1$.

b) Die Lösung folgt direkt aus Aufgabenteil a). Wenn alle Zimmer belegt sind, aber noch ein Gast kommt, rutschen einfach alle ein Zimmer weiter und schon ist Zimmer 1 frei. Die Gäste aus den Zimmern $1, 2, \ldots$ können in die Zimmer $2, 3, \ldots$ umziehen, da nach Aufgabenteil a) die Mengen $\{1, 2, \ldots\}$ und $\{2, 3, \ldots\}$ gleich mächtig sind und somit für alle „Platz" ist.

5
Folgen und Grenzwerte

Aufgaben

Aufgabe 5.1 Definieren Sie, wann eine Folge (a_n) gegen $a \in \mathbb{R}$ konvergiert.

Aufgabe 5.2 Definieren Sie, unter Verwendung der Definition einer konvergenten Folge aus Aufgabe 5.1, wann eine Reihe $\sum_{n=0}^{\infty} a_n$ konvergiert.

Aufgabe 5.3 Bestimmen Sie die Grenzwerte folgender Folgen:

$$a)\ \frac{n^2+n-2}{2+n^3}, \quad b)\ \frac{n+2}{n+3}, \quad c)\ \frac{n^2-n-1}{-n+2}.$$

Stellen Sie ein allgemeines Prinzip auf für Brüche der Form

$$\frac{a_k n^k + a_{k-1} n^{k-1} + \ldots + a_0}{b_l n^l + b_{l-1} n^{l-1} + \ldots + b_0}$$

für natürliche Zahlen k, l und Parameter $a_0, \ldots, a_k, b_0, \ldots, b_l \in \mathbb{R}$!

Aufgabe 5.4* Die Folge a_n sei rekursiv gegeben durch $a_0 = 1$ und

$$a_{n+1} = \frac{1}{2}\left(a_n + \frac{2}{a_n}\right).$$

Zeigen Sie, dass die Folge konvergiert. [Tipp: Zeigen Sie zunächst, dass die Folge nach unten beschränkt ist. Zeigen Sie dann, dass die Folge monoton fallend ist.]

5　Folgen und Grenzwerte

Aufgabe 5.5 Verneinen Sie folgende Sätze:

1. Für alle Deutschen gibt es eine Grenze, bei der sie kein Schnitzel mehr sehen können.

2. Für alle $\varepsilon > 0$ gibt es $x > 0$, so dass für alle $y > x$ auch $y < 1/\varepsilon$ gilt.

3. Alle Menschen, die Skifahren lieben, hassen den Strand.

4. Alle Menschen, die Skifahren lieben oder Tiroler sind, hassen den Strand.

5. Alle Menschen, die Skifahren lieben oder Tiroler sind, hassen den Strand oder lieben das Meer.

Aufgabe 5.6 Geben Sie Beispiele von Folgen (a_n), (b_n) an mit

a) $\lim a_n = 0$, $\quad \lim b_n = \infty$, $\quad \lim(a_n b_n) = 1$

b) $\lim a_n = 0$, $\quad \lim b_n = \infty$, $\quad \lim(a_n b_n) = \infty$

c) $\lim a_n = 0$, $\quad \lim b_n = \infty$, $\quad \lim(a_n b_n) = 0$.

Aufgabe 5.7 Bestimmen Sie alle Häufungspunkte der Folge $(a_n)_{n \in \mathbb{N}}$ mit $a_n = (-1)^n \left(1 + \frac{1}{n}\right)$.

Aufgabe 5.8 Sei (a_n) eine konvergente Folge mit Grenzwert a.

a) Definieren Sie den Begriff der Teilfolge der Folge (a_n).

b) Zeigen Sie, dass jede Teilfolge von (a_n) auch gegen a konvergiert.

Aufgabe 5.9** Seien (a_n) und (b_n) zwei Folgen mit $a_n \longrightarrow a$ und $b_n \longrightarrow b$. Zeigen Sie, dass das Produkt der Folgen $a_n \cdot b_n$ gegen das Produkt der Grenzwerte $a \cdot b$ konvergiert.

Aufgabe 5.10*

a) Zeigen Sie, dass eine monotone und beschränkte Folge in $\mathbb{R}$ konvergiert.

b) Zeigen Sie, dass jede Folge höchstens einen Grenzwert besitzt.

Aufgabe 5.11* Gegeben seien zwei konvergente Folgen (a_n), (b_n) mit $a_n \xrightarrow{n\to\infty} a$ und $b_n \xrightarrow{n\to\infty} b$ und $a_n < b_n$ für alle n. Beweisen Sie, dass dann $a \leq b$ gilt.

Aufgabe 5.12 Welche der folgenden Reihen konvergieren? Begründen Sie Ihre Antwort.

a) $\sum_{n=0}^{\infty} \frac{1}{2n+1}$,

b) $\sum_{n=0}^{\infty} \frac{n+n^2}{2n^2+n}$,

c) $\sum_{n=0}^{\infty} \frac{n^2}{2^n}$.

Aufgabe 5.13 Bestimmen Sie die Grenzwerte folgender Reihen:

a) $\lim_{N\to\infty} \sum_{k=0}^{N} \frac{(-1)^k}{2^k}$,

b) $\lim_{N\to\infty} \sum_{k=2}^{N} \frac{1}{3^{k+1}}$,

c) $\lim_{N\to\infty} \sum_{k=1}^{N} \frac{1}{k(k+1)}$.

Bei der letzten Reihe beachten Sie, dass gilt:
$$\frac{1}{k(k+1)} = \frac{1}{k} - \frac{1}{k+1}.$$

Aufgabe 5.14 Stellen Sie sich vor, dass Sie auf unbestimmte Zeit eine jährliche Rente in Höhe von 15.000 Euro erhalten. Wie hoch ist der gegenwärtige Wert der Rente, wenn Sie einen Zinssatz von $r = 3\%$ (10%) unterstellen?

5 Folgen und Grenzwerte

Aufgabe 5.15 Wenn Sie einen Hauskredit tilgen, beginnen Sie mit einem Kredit von x_0. Die verbleibende Restschuld zum Zeitpunkt $t+1$ ist $x_{t+1} = x_t(1+r) - Z$, wobei r der Zinssatz ist und Z die Zahlung in Periode t. Wie groß muss Z mindestens sein, damit sie irgendwann den Kredit abgezahlt haben?

(Anleitung: Zeigen Sie per Induktion, dass gilt:

$$x_t = x_0(1+r)^t - \sum_{s=1}^{t} Z(1+r)^{t-s}.)$$

Aufgabe 5.16 Zeigen Sie durch Vergleich mit geeigneten Reihen Konvergenz bzw. Divergenz folgender Reihen:

a) $\sum_{n=1}^{\infty} \frac{1}{n^n}$

b) $\sum_{n=1}^{\infty} \frac{1}{\sqrt{n}}$

c) $\sum_{n=1}^{\infty} \frac{n^2}{2^n n!}$

Aufgabe 5.17 Finden Sie eine Reihendarstellung für folgenden Ausdruck und bestimmen Sie den zugehörigen Grenzwert

$$1 - \frac{1}{2} + \frac{1}{3} - \frac{1}{4} + \frac{1}{9} - \frac{1}{8} + \frac{1}{27} - + \ldots.$$

Aufgabe 5.18* Die Folge (a_n) sei definiert durch $a_0 = \sqrt{2}$ und $a_{n+1} = \sqrt{2 + a_n}$. Konvergiert die Folge?

Lösungen

Lösung 5.1 Eine Folge (a_n) konvergiert gegen $a \in \mathbb{R}$, wenn für alle $\varepsilon > 0$ ein $n_0 \in \mathbb{N}$ existiert, so dass für alle $n \geq n_0$ gilt:
$$|a_n - a| < \varepsilon.$$

Lösung 5.2 Eine Reihe $\sum_{n=0}^{\infty} a_n$ heißt konvergent, wenn die Folge der Partialsummen $\left(\sum_{k=0}^{n} a_k\right)_{n \in N}$ konvergiert.

Lösung 5.3 Die Lösungen der ersten drei Teilaufgaben lauten wie folgt:

$$a) \quad \lim_{n\to\infty} \frac{n^2+n-2}{2+n^3} = \lim_{n\to\infty} \frac{n^2(1+n^{-1}-2n^{-2})}{n^3(2n^{-3}+1)} = 0$$

$$b) \quad \lim_{n\to\infty} \frac{n+2}{n+3} = \lim_{n\to\infty} \frac{n(1+2n^{-1})}{n(1+3n^{-1})} = 1$$

$$c) \quad \lim_{n\to\infty} \frac{n^2-n-1}{-n+2} = \lim_{n\to\infty} \frac{n^2(1-n^{-1}-n^{-2})}{n(-1+2n^{-1})} = -\infty$$

Zur Aufstellung eines allgemeinen Prinzips gelangt man wie folgt: Man klammert jeweils die höchste Potenz aus und verwendet dann die Sätze über Rechnen mit Folgen. So erhält man:

$$\frac{a_k n^k + a_{k-1} n^{k-1} + \ldots + a_0}{b_l n^l + b_{l-1} n^{l-1} + \ldots + b_0} = \frac{n^k \left(a_k + a_{k-1} n^{-1} + \ldots + a_0 n^{-k}\right)}{n^l \left(b_l + b_{l-1} n^{-1} + \ldots + b_0 b^{-l}\right)}.$$

Es gilt $n^{-m} \to 0$ $(m \in \mathbb{N})$. Für $k = l$ konvergiert der Bruch also gegen a_k/b_l. Für $k > l$ bleibt n^{k-l} stehen, was gegen $\pm\infty$ geht. Für $k < l$ geht n^{k-l} gegen 0.

Lösung 5.4* Man zeige zunächst per Induktion, dass $a_n > 0$ gilt.

Induktionsanfang ($n = 1$):
$$a_1 = \frac{1}{2}(1+2) = \frac{3}{2} > 0$$

40   5 Folgen und Grenzwerte

Induktionsschritt:
Man nehme an, dass $a_n > 0$ gilt. Dann gilt

$$a_{n+1} = \frac{1}{2}\left(\underbrace{a_n}_{>0} + \underbrace{\frac{2}{a_n}}_{>0}\right)$$

und somit $a_{n+1} > 0$.

Als nächstes zeigt man, dass $a_n^2 \geq 2$ gilt. Dies zeigt man wie folgt:

$$\begin{aligned}
a_n^2 - 2 &= \frac{1}{4}\left(a_{n-1} + \frac{2}{a_{n-1}}\right)^2 - 2 \\
&= \frac{1}{4}\left(a_{n-1}^2 + 4 + \frac{4}{a_{n-1}^2}\right) - 2 \\
&= \frac{1}{4}\left(a_{n-1}^2 - 4 + \frac{4}{a_{n-1}^2}\right) \\
&= \frac{1}{4}\left(a_{n-1} - \frac{2}{a_{n-1}}\right)^2 \\
&\geq 0
\end{aligned}$$

Also ist (a_n) nach unten beschränkt.

Darüber hinaus gilt, dass (a_n) monoton fallend ist, da:

$$a_n - a_{n+1} = 1/2\, a_n - 1/2\frac{2}{a_n} = 1/2\, a_n\left(1 - \frac{2}{a_n^2}\right) \geq 0$$

wegen $a_n^2 \geq 2$. Also existiert $\lim a_n$.

Schließlich ist zu beachten, dass für den Grenzwert a nach den Sätzen über Rechnen mit Folgen gilt: $a = 1/2(a + 2/a)$, also $a = \sqrt{2}$.

Lösung 5.5 Anhand der Aufgabe soll ein Gefühl dafür vermittelt werden, was es bedeutet, dass eine Folge *nicht* konvergiert.

1. Es gibt einen Deutschen, der beliebig viele Schnitzel sehen kann.

2. Es gibt $\varepsilon > 0$, so dass für alle $x > 0$ ein $y > x$ existiert mit $y \geq 1/\varepsilon$.

3. Es gibt Menschen, die Skifahren lieben und den Strand nicht hassen.

4. Es gibt Skifahrer oder Tiroler, die den Strand nicht hassen.

5. Es gibt Skifahrer oder Tiroler, die den Strand nicht hassen UND das Meer nicht lieben.

Lösung 5.6 Man wähle etwa die Folgen

a) $1/n$ und n

b) $1/n$ und n^2

c) $1/n^2$ und n.

Lösung 5.7 Die Folge hat zwei Häufungspunkte, nämlich $+1$ und -1. Dies folgt etwa aus der Tatsache, dass die Teilfolgen a_{2n} und a_{2n+1} gegen diese Werte konvergieren:

$$\lim_{n\to\infty} a_{2n} = (-1)^{2n}\left(1 + \frac{1}{2n}\right) = 1 \cdot \left(1 + \frac{1}{2n}\right) \to 1,$$

$$\lim_{n\to\infty} a_{2n+1} = (-1)^{2n+1}\left(1 + \frac{1}{2n+1}\right) = (-1) \cdot \left(1 + \frac{1}{2n+1}\right) \to -1.$$

Lösung 5.8

a) Sei $(a_n)_{n\in\mathbb{N}}$ eine Folge und sei $n_1 < n_2 < n_3 < \ldots$ eine aufsteigende Folge natürlicher Zahlen. Dann nennt man die Folge $(a_{n_k})_{k\in\mathbb{N}} = (a_{n_1}, a_{n_2}, a_{n_3}, \ldots)$ eine Teilfolge der Folge (a_n).

b) Der Satz folgt direkt aus der Definition einer Teilfolge. Es gilt für die konvergente Folge: Zu jedem $\varepsilon > 0$ existiert ein $N \in \mathbb{N}$, so dass $|a_n - a| < \varepsilon$ für alle $n \geq N$. D.h. in jeder noch so kleinen ε-Umgebung von a liegen fast alle Folgenglieder. Dies gilt erst recht für jede Teilfolge.

Lösung 5.9** Sei $\varepsilon > 0$. Dann existiert n_0, so dass gilt:

$$|a_n - a| < \frac{\varepsilon}{|a| + |b| + 1}$$

und

$$|b_n - b| < \min\left(\frac{\varepsilon}{|a| + |b| + 1}, 1\right)$$

für alle $n > n_0$.
Dann gilt für alle $n > n_0$:

$$\begin{aligned}
|a_n \cdot b_n - a \cdot b| &= |a_n \cdot b_n - a \cdot b_n + a \cdot b_n - a \cdot b| \\
&= |(a_n - a) \cdot b_n + a \cdot (b_n - b)| \\
&\leq |a_n - a| \cdot |b_n| + |a| \cdot |b_n - b| \quad \text{(Dreiecksungleichung)} \\
&< \frac{\varepsilon}{|a| + |b| + 1} \cdot (|b_n| + |a|) \\
&< \frac{\varepsilon}{|a| + |b| + 1} \cdot (|b| + |a| + 1) = \varepsilon.
\end{aligned}$$

Damit ist die Konvergenz von $a_n \cdot b_n$ gegen $a \cdot b$ gezeigt.

Lösung 5.10*

a) Ohne Beschränkung der Allgemeinheit sei die Folge (a_n) monoton wachsend und beschränkt (sonst betrachte man $(-a_n)$). Dann ist zu zeigen, dass (a_n) gegen $\sup_{n \in \mathbb{N}} a_n =: a_K$ konvergiert. Wegen der Monotonie gilt $a_0 \leq a_n$ für alle $n \in \mathbb{N}$, also ist (a_n) auch nach unten beschränkt. Man wähle ein $\varepsilon > 0$. Wenn nun für alle n, $|a_K - a_n| = a_K - a_n \geq \varepsilon$ gelten würde, so wäre auch $a'_K = a_K - \frac{1}{2}\varepsilon$ eine obere Schranke. Wegen $a'_K < a_K$ wäre dies ein Widerspruch zu der Tatsache, dass a_K eine kleinste obere Schranke ist. Also gibt es ein n_0 mit $a_K - a_{n_0} < \varepsilon$. Da (a_n) monoton steigend ist, folgt dann auch, dass für alle $n \geq n_0$, $a_K - a_n < \varepsilon$ ist. Also ist a_K der Grenzwert der Folge (a_n).

b) Widerspruchsbeweis. Angenommen, eine Folge (a_n) habe zwei Grenzwerte a und a' mit $a \neq a'$. Sei nun

$$\varepsilon = \frac{1}{4}|a' - a|.$$

Dann existiert wegen $a_n \longrightarrow a$ ein n_0 mit $|a_n - a| < \varepsilon$ für alle $n \geq n_0$. Des Weiteren existiert wegen $a_n \longrightarrow a'$ ein n_1 mit $|a_n - a'| < \varepsilon$ für alle $n \geq n_1$. Sei nun $m = \max(n_0, n_1)$. Dann ist $|a_m - a| + |a_m - a'| < 2\varepsilon$. Wegen der Dreiecksungleichung gilt $|a' - a| = |a' - a_m + a_m - a| \leq |a' - a_m| + |a_m - a|$, so dass insgesamt folgt:

$$|a' - a| < 2\varepsilon = \frac{1}{2}|a' - a|.$$

Nach Division durch die positive Zahl $|a' - a|$ folgt $1 < \frac{1}{2}$. Dies ist ein Widerspruch.

Lösung 5.11* Nehmen Sie an, dass $a > b$. Setzen Sie $\varepsilon = \frac{1}{2}(a - b)$. Dann gilt $\varepsilon > 0$. Es gibt also ein n_0, so dass für $n \geq n_0$ stets $|a_n - a| < \varepsilon$ gilt. Insbesondere hat man $a_n > a - \varepsilon$. Des Weiteren gibt es ein n_1, so dass für $n \geq n_1$ stets $|b_n - b| < \varepsilon$ gilt. Insbesondere folgt daraus $b_n < b + \varepsilon$. Für $n \geq \max\{n_0, n_1\}$ gilt:
$$0 < b_n - a_n < b + \varepsilon - a + \varepsilon = b - a + 2\varepsilon = 0,$$
was im Widerspruch zur Annahme $a_n < b_n$ steht.

Lösung 5.12

a) Man kann diese Reihe durch die harmonische Reihe nach unten hin abschätzen. Da die harmonische Reihe divergiert, liegt somit keine Konvergenz vor.

b) Die Summanden konvergieren nicht gegen Null. Folglich divergiert die Reihe.

c) Unter Verwendung des Quotientenkriteriums lässt sich zeigen, dass die Reihe konvergiert.

Lösung 5.13

a) Geometrische Reihe:
$$\lim_{N \to \infty} \sum_{k=0}^{N} \left(-\frac{1}{2}\right)^k = \frac{1}{1 + \frac{1}{2}} = \frac{2}{3}$$

b) Geometrische Reihe:
$$\lim_{N \to \infty} \sum_{j=0}^{N} \frac{1}{3^{j+3}} = \lim_{N \to \infty} \frac{1}{3^3} \sum_{j=0}^{N} \frac{1}{3^j} = \frac{1}{27} \cdot \frac{1}{1 - \frac{1}{3}} = \frac{1}{18}$$

c) Schreiben Sie die Partialsummen als
$$\sum_{k=1}^{N} \frac{1}{k(k+1)} = \sum_{k=1}^{N} \frac{1}{k} - \sum_{k=2}^{N+1} \frac{1}{k} = 1 - \frac{1}{N+1},$$
und lassen Sie anschließend $N \to \infty$ gehen. Da $\frac{1}{N+1} \to 0$ gilt, folgt, dass der Limes 1 ist.

5 Folgen und Grenzwerte

Lösung 5.14 Der Barwert ist $\sum_{t=0}^{\infty} \frac{15.000}{(1+r)^t} = 15.000 \cdot \frac{1+r}{r}$, bei 3% also 515.000, bei 10% 165.000.

Lösung 5.15
Induktionsanfang $(t=0)$: $x_0 = x_0(1+r)^0 - \sum_{s=1}^{0} Z(1+r)^{-s} = x_0$

Induktionsschritt :

$$x_{t+1} = x_t(1+r) - Z$$
$$= \left(x_0(1+r)^t - \sum_{s=1}^{t} Z(1+r)^{t-s}\right)(1+r) - Z$$
$$= x_0(1+r)^{t+1} - \sum_{s=1}^{t+1} Z(1+r)^{t+1-s}$$

Der Wert $x_t = 0$ ist äquivalent zu

$$\sum_{s=1}^{t} \frac{Z}{(1+r)^s} = x_0,$$

d. h. der Barwert der Zahlungen ist gleich dem Kredit.

Lösung 5.16

a) $n^n \geq 2^n$ für $n \geq 2$, also Konvergenz (geometrische Reihe)

b) $\sqrt{n} \leq n$, also Divergenz (harmonische Reihe)

c) $n^2 \leq 2^n$, also kann man durch die Reihendarstellung der Exponentialfunktion abschätzen

Lösung 5.17 Diese Reihe ist die Differenz zweier geometrischer Reihen (mit $\frac{1}{2}$ und $\frac{1}{3}$):

$$\sum_{n=0}^{\infty} \left(\frac{1}{3}\right)^n - \sum_{n=1}^{\infty} \left(\frac{1}{2}\right)^n = \frac{3}{2} - 1 = \frac{1}{2}$$

Lösung 5.18*

Zunächst zeigt man per Induktion, dass die Folge beschränkt ist:

Induktionsanfang ($n = 0$): $a_0 = \sqrt{2} \leq 2$

Induktionsschritt: $a_{n+1} = \sqrt{2 + a_n} \leq 2$, da $2 + a_n \leq 4$ wegen $a_n \leq 2$

Als nächstes prüft man, ob die Folge monoton ist. Dazu ist Folgendes zu zeigen: $a_{n+1} = \sqrt{2 + a_n} \geq a_n$, d.h. man muss $2 + x \geq x^2$ zeigen. Mit Hilfe der quadratischen Ergänzung erhält man:

$$2 + x - x^2 = -\left(x - \frac{1}{2}\right)^2 + \frac{9}{4}.$$

Dies ist nicht-negativ, wenn $|x - \frac{1}{2}| \leq \frac{3}{2}$ ist. Die Nicht-Negativität gilt insbesondere, wenn $x \leq 2$, was bereits gezeigt wurde. Da die Folge monoton steigt und nach oben durch 2 beschränkt ist, konvergiert sie.

6
Stetigkeit

Aufgaben

Aufgabe 6.1 Sei $f : X \to \mathbb{R}$ mit $X \subseteq \mathbb{R}$ eine Funktion. Geben Sie unter Verwendung des *Folgenkriteriums* an, was es bedeutet zu sagen, dass die Funktion f stetig auf X ist.

Aufgabe 6.2 Sei $f : X \to \mathbb{R}$ mit $X \subseteq \mathbb{R}$ eine Funktion. Geben Sie unter Verwendung des $\varepsilon - \delta$-*Kriteriums* an, was es bedeutet zu sagen, dass die Funktion f stetig in $\bar{x} \in X$ ist.

Aufgabe 6.3 Seien $f, g : X \to \mathbb{R}$ in $x \in X$ stetig. Zeigen Sie, dass dann auch $f + g$ stetig in x ist.

Aufgabe 6.4 Zeigen Sie, dass die Funktion $f(x) = \sqrt[n]{x}$ für alle $n \in \mathbb{N}$ auf $[0, \infty)$ stetig ist.

Aufgabe 6.5 Zeigen Sie, dass die Funktion $f(x) = |x|$ stetig ist.

Aufgabe 6.6* Sei $f : \mathbb{N} \to \mathbb{R}$ eine Folge. Zeigen Sie, dass dann f eine stetige Funktion ist.

Aufgabe 6.7 An welchen Punkten sind die folgenden Funktionen $f : \mathbb{R} \to \mathbb{R}$ nicht stetig?

$$f_1(x) = \begin{cases} 1 & \text{für } x > 1 \\ 0 & \text{sonst} \end{cases}$$

$$f_2(x) = \begin{cases} \frac{x^2+1}{x^2-4} & \text{für } |x| \neq 2 \\ 0 & \text{sonst} \end{cases}$$

$$f_3(x) = \begin{cases} \frac{x^3-1}{x-1} & \text{für } x \neq 1 \\ 2 & \text{für } x = 1 \end{cases}$$

Können Sie für eine der Funktionen durch Änderung des Funktionswertes an einem einzelnen Punkt Stetigkeit erreichen?

Aufgabe 6.8* Zeigen Sie, dass das $\varepsilon - \delta$−Kriterium hinreichend für Folgen- Stetigkeit ist, d. h. zeigen Sie, dass, wenn eine Funktion das $\varepsilon - \delta$−Kriterium erfüllt, daraus die Stetigkeit dieser Funktion nach dem Folgenkriterium folgt.

Aufgabe 6.9 Vereinfachen Sie folgende Terme:

a) $\log(b \exp(-c))$

b) $\dfrac{a^{x+2}}{\exp(x \log(a))}$

c) $\left(2^{\sqrt{3}\cdot 4}\right)^2 \log\left(a^2 b^3 a^9 b^{-4}\right)$.

Aufgabe 6.10 Betrachten Sie die Funktion
$$f(x) = \frac{x+2}{x+1}.$$
Zeigen Sie, dass f das Intervall $[1,2]$ stetig auf sich selbst abbildet und bestimmen Sie den Fixpunkt ξ.

Aufgabe 6.11 Zeigen Sie, dass die Funktion $f(x) = 1 + x$ stetig ist und $\mathbb{R}$ bijektiv auf $\mathbb{R}$ abbildet. Zeigen Sie ferner, dass f keinen Fixpunkt hat. Begründen Sie, warum der Fixpunktsatz hier nicht gilt.

Aufgabe 6.12* Sei $f : [a,b] \to \mathbb{R}$ eine stetige Funktion mit $f(a) < f(b)$.

a) Beweisen Sie den Zwischenwertsatz, d. h. zeigen Sie, dass für jedes y mit $f(a) < y < f(b)$ ein $p \in [a,b]$ existiert mit $f(p) = y$.

b) Prüfen Sie, ob Ihr Beweis auch funktioniert, wenn f nicht auf $[a,b] \subset \mathbb{R}$ definiert ist, sondern auf $[a,b] \cap \mathbb{Q}$. Begründen Sie Ihre Antwort.

Lösungen

Lösung 6.1 Eine Funktion $f : X \to \mathbb{R}$ mit $X \subseteq \mathbb{R}$ heißt stetig an der Stelle $x_0 \in X$, wenn gilt $\lim_{x \to x_0} f(x) = f(x_0)$. Ist f stetig für alle $x \in X$, so heißt f stetig.

Lösung 6.2 Eine Funktion $f : X \to \mathbb{R}$ ist stetig in $\bar{x} \in X$ genau dann, wenn es für jedes $\varepsilon > 0$ ein $\delta > 0$ gibt, so dass für alle $x_n \in X$ mit
$$|\bar{x} - x_n| < \delta$$
auch gilt:
$$|f(\bar{x}) - f(x_n)| < \varepsilon.$$

Lösung 6.3 Die Lösung folgt direkt aus der Tatsache, dass die Summe zweier konvergenter Folgen gegen die Summe der Grenzwerte konvergiert, und dem Folgenkriterium der Stetigkeit. Nach dem Folgenkriterium der Stetigkeit gilt für stetige Funktionen f, g:
$$\lim_{x_n \to x_0} f(x_n) = f(x_0) =: y_0, \quad \lim_{x_n \to x_0} g(x_n) = g(x_0) =: z_0.$$

Da nun $f(x_n), g(x_n)$ zwei konvergente Folgen sind, konvergiert auch deren Summe, d. h.
$$\lim_{x_n \to x_0} f(x_n) + g(x_n) = y_0 + z_0.$$

Lösung 6.4 Man muss zeigen, dass es ein $\delta > 0$ derart gibt, dass für alle $x \in [0, \infty)$ gilt:
$$|x - x_0| < \delta \Rightarrow |f(x) - f(x_0)| < \varepsilon .$$

Dies tut man wie folgt: Zunächst gilt
$$|f(x) - f(x_0)| = |\sqrt[n]{x} - \sqrt[n]{x_0}| \le \sqrt[n]{|x - x_0|} < \varepsilon$$

Die vorletzte Ungleichung folgt dabei aus der Konkavität der Wurzelfunktion. Nun definiert man eine Hilfsfunktion
$$f(x) = \sqrt[n]{x - x_0} + \sqrt[n]{x_0} - \sqrt[n]{x} \ge 0$$

50   6 Stetigkeit

für alle $x > x_0$. Für die Ableitung von f nach x gilt dann

$$f'(x) = \frac{1}{n(x-x_0)^{1-\frac{1}{n}}} - \frac{1}{nx^{1-\frac{1}{n}}} \geq 0$$

für alle $x_0 \geq 0$. Daraus folgt direkt die Behauptung. Man kann also zu gegebenem $\varepsilon > 0$ ein δ definieren mit $\delta := \varepsilon^n$. Da dies für jedes $x_0 \in [0, \infty)$ gilt (δ ist ja unabhängig von x_0), ist die Funktion f auf dem gesamten Definitionsbereich stetig.

Lösung 6.5
1. Schritt: Stetigkeit in $x_0 = 0$: Wählen Sie eine Folge (x_n) mit $\lim_{n\to\infty} x_n = 0$. Man muss zeigen, dass auch $\lim_{n\to\infty} |x_n| = 0$ gilt. Fast trivial.

2. Schritt: Stetigkeit in x_0 allgemein, etwa $x_0 > 0$ (für $x_0 < 0$ gilt der Schritt entsprechend): Führen Sie es zurück auf die Stetigkeit in x_0. Wenn $x_n \to x_0 > 0$, dann ist auch $x_n > 0$ für große n. Ferner gilt $x_n - x_0 \to 0$. Wegen der Stetigkeit in 0 gilt also $||x_n| - |x_0|| = |x_n - x_0| \to 0$.

Lösung 6.6
1. Möglichkeit ($\varepsilon - \delta$–Kriterium): Wenn $0 < \delta < 1$ ist, so gibt es in der δ–Umgebung von n keine anderen Punkte des Definitionsbereichs.

2. Möglichkeit (Folgenkriterium): Eine Folge mit Werten in $\mathbb{N}$, die gegen $M \in \mathbb{N}$ konvergiert, muss ab einer gewissen Zahl n_0 gleich M sein.

Lösung 6.7
Die erste Funktion f_1 ist an $x = 1$ nicht stetig. Nähert man sich dem Punkt $x = 1$ von rechts, so gilt $\lim_{x\to 1+} f_1(x) = 1 \neq 0 = f_1(1)$.

Die zweite Funktion f_2 ist an $x = -2, 2$ nicht stetig. Nähert man sich den Punkten $x = -2$ und $x = 2$, so gilt $\lim_{x\to |2|} f_2(x) = \infty \neq 0 = f_2(-2) = f_2(2)$.

Die dritte Funktion f_3 ist an $x = 1$ nicht stetig. Nähert man sich dem Punkt $x = 1$, so gilt mit Hilfe der Regel von l'Hospital $\lim_{x\to 1} f_3(x) = 3 \neq 2 = f_3(1)$. Durch Änderung des Funktionswertes von f_3 an $x = 1$ zu $f_3(1) = 3$ kann man also Stetigkeit erreichen.

Lösung 6.8* Es gelte für die Folge (x_n): $x_n \to x_0$. Gemäß des $\varepsilon - \delta$-Kriteriums wähle man zu $\varepsilon > 0$ ein $\delta > 0$. Das heißt es existiert ein $n_0 \in \mathbb{N}$, so dass $0 < |x_0 - x_n| < \delta$ für $n \geq n_0$. Für diese $n \geq n_0$ gilt nach dem $\varepsilon - \delta$-Kriterium $|f(x_0) - f(x_n)| < \varepsilon$ und somit folgt daraus direkt die Definition (Folgenkriterium) der Stetigkeit $\lim_{x_n \to x_0} f(x_n) = f(x_0)$.

Lösung 6.9

a) $\log(b) + \log(\exp(-c)) = \log(b) - c$

b) $a^{x+2} \cdot \exp(-x \log(a)) = a^{x+2} \cdot \exp(\log(a))^{-x} = a^{x+2} \cdot a^{-x} = a^2$

c) $2^{8\sqrt{3}} \log\left(a^{2+9} b^{3-4}\right) = 2^{8\sqrt{3}} \log\left(a^{11} b^{-1}\right) = 2^{8\sqrt{3}} \left(11 \cdot \log(a) - \log(b)\right)$

Lösung 6.10
Selbstabbildung: Zeigen Sie, dass $1 \leq \frac{x+2}{x+1} \leq 2$ für $x \in [1, 2]$ gilt.

Stetigkeit: f ist auf dem Intervall $[1,2]$ auch stetig, da der Quotient zweier stetiger Funktionen wieder stetig ist und $f_1(x) = x + 2$ und $f_1(x) = x + 1$ trivialerweise auf dem Interval $[1,2]$ stetig sind.

Fixpunkt: $\frac{x+2}{x+1} = x$ führt auf $x^2 = 2$. Positive Lösung ist $\sqrt{2}$.

Lösung 6.11
Fixpunkt: $1 + x = x$ impliziert $1 = 0$, Widerspruch.

Bijektion: $y = 1 + x$ führt zu $x = y - 1$. Es gibt also genau ein Urbild zu jedem y.

$\mathbb{R}$ ist nicht beschränkt. Man beachte, dass der Fixpunktsatz nur auf beschränkten und abgeschlossenen Intervallen gilt.

Lösung 6.12*

a) Man zeige dies mit Hilfe einer Intervallschachtelung. Beginnend mit dem Intervall $[a, b]$ halbiert man die sukzessive Folge von Intervallen $[a_n, b_n]$ derart, dass $f(a_n) < y < f(b_n)$ für alle $n = 1, 2, 3, \ldots$ gilt. Wegen der Konstruktion der Intervalle konvergieren die Folgen (a_n) und (b_n) gegen p. Nach der Definition der Konvergenz von Folgen gilt also $f(p) = \lim_{n\to\infty} f(a_n) < y$ und $f(p) = \lim_{n\to\infty} f(b_n) > y$, woraus direkt $f(p) = y$ folgt.

b) Der Beweis funktioniert auf $[a,b] \cap \mathbb{Q}$ nicht, da p möglicherweise in $\mathbb{Q}$ liegt.

7
Differentialrechnung

Aufgaben

Aufgabe 7.1 Definieren Sie, wann eine Funktion $f : X \to \mathbb{R}$ differenzierbar an einer Stelle $\bar{x} \in X$ ist.

Aufgabe 7.2 Bestimmen Sie die erste und zweite Ableitung folgender Funktionen:

a) $f_1(x) = x^5 - x^3$

b) $f_2(x) = \frac{x}{1+x}$

c) $f_3(x) = \frac{x^2-1}{x+2}$

d) $f_4(x) = (a^x)^3$

e) $f_5(x) = \exp(x^2)$

f) $f_6(x) = x^x$

g) $f_7(x) = x^{x^2}$

h) $f_8(x) = \ln(x)$

Aufgabe 7.3 Die Funktion f sei differenzierbar. Bestimmen Sie die erste Ableitung von folgenden Funktionen:

a) $g_1(x) = \sqrt{f(x)}$

7 Differentialrechnung

b) $g_2(x) = (f(x))^2 - x$

c) $g_3(x) = \frac{xf(x)}{(1+f(x))^2}$

d) $g_4(x) = \ln(f(x))$

Aufgabe 7.4 Berechnen Sie die erste und zweite Ableitung von $f(x) = \sin(x)$ und $g(x) = \cos(x)$ mit Hilfe der Reihendarstellung:

a) $\sin(x) = \sum_{n=0}^{\infty} (-1)^n \frac{x^{2n+1}}{(2n+1)!}$

b) $\cos(x) = \sum_{n=0}^{\infty} (-1)^n \frac{x^{2n}}{(2n)!}$

Aufgabe 7.5 Bestimmen Sie die vierte Ableitung von

$$f(x) = \frac{12x}{6+x}.$$

[Tipp: Schreiben Sie die Funktion als

$$a + \frac{b}{6+x}$$

für geeignete Konstanten a und b.]

Aufgabe 7.6 Zeigen Sie mit Hilfe des Mittelwertsatzes: Wenn die Funktion $f : \mathbb{R} \to \mathbb{R}$ zweimal stetig differenzierbar ist und für alle $x \in \mathbb{R}$ $f''(x) = 2$ gilt, so ist $f(x) = x^2 + ax + b$ für gewisse Zahlen $a, b \in \mathbb{R}$.

Aufgabe 7.7 In den Wirtschaftswissenschaften interessiert man sich oft mehr für relative als für absolute Änderungen.

a) Erläutern Sie, warum der Bruch $f'(x)/f(x)$ die *relative Änderungsrate* von f im Punkte x beschreibt.

b) Bestimmen Sie die relative Änderungsrate folgender Funktionen im Hinblick auf x:

   i) $f(x) = x$ ii) $f(x) = x^3$

   iii) $f(x) = \exp(ax)$ iv) $f(x) = \ln(1+x)$

c) Warum nennt man die relative Änderungsrate auch die logarithmische Ableitung?

Lösungen

Lösung 7.1 Eine Funktion $f : X \to \mathbb{R}$ heißt differenzierbar an einer Stelle $\bar{x} \in X$, wenn der Grenzwert des Differenzenquotienten

$$\lim_{x \to \bar{x}, x \neq \bar{x}} \frac{f(x) - f(\bar{x})}{x - \bar{x}} = \lim_{\Delta \to 0, \Delta \neq 0} \frac{f(\bar{x} + \Delta) - f(\bar{x})}{\Delta}$$

existiert.

Lösung 7.2 Beachten Sie, dass für x^x gilt:

$$x^x = \exp(x \ln(x))$$

und verwenden Sie die Kettenregel.

a) $f_1'(x) = 5x^4 - 3x^2$,
$f_1''(x) = 20x^3 - 6x$

b) $f_2'(x) = \frac{1}{(1+x)^2}$,
$f_2''(x) = -\frac{2}{(1+x)^3}$

c) $f_3'(x) = \frac{2x(x+2) - (x^2-1)}{(x+2)^2} = \frac{x^2 + 4x + 1}{(x+2)^2}$,
$f_3''(x) = \frac{(2x+4)(x+2)^2 - (x^2+4x+1)2(x+2)}{(x+2)^4} = \frac{2(x+2)^2 - 2(x^2+4x+1)}{(x+2)^3} = \frac{6}{(x+2)^3}$

d) $f_4(x) = a^{3x} = \exp(3x \ln(a))$,
$f_4'(x) = 3\ln(a) \exp(3x \ln(a))$,
$f_4''(x) = 9(\ln(a))^2 \exp(3x \ln(a))$

e) $f_5'(x) = 2x \exp(x^2)$,
$f_5''(x) = 2\exp(x^2) + 4x^2 \exp(x^2)$

f) $f_6(x) = \exp(x \ln(x))$,
$f_6'(x) = x^x(1 + \ln(x))$,
$f_6''(x) = x^x(1 + \ln(x))^2 + x^{x-1}$

g) $f_7(x) = \exp(x^2 \ln(x))$,
$f_7'(x) = (2x\ln(x) + x)x^{x^2}$,
$f_7''(x) = (2\ln(x) + 3)x^{x^2} + (2x\ln(x) + x)^2 x^{x^2}$

h) $f_8'(x) = \frac{1}{x}$,
$f_8''(x) = -\frac{1}{x^2}$

Lösung 7.3 Durch Anwendung der Kettenregel erhält man:

a) $g_1'(x) = \frac{f'(x)}{2\sqrt{f(x)}}$

b) $g_2'(x) = 2f(x)f'(x) - 1$

c) $g_3'(x) = \frac{(f(x)+xf'(x))(1+f(x))-2xf(x)f'(x)}{(1+f(x))^3} = \frac{f(x)+xf'(x)+f(x)^2-xf(x)f'(x)}{(1+f(x))^3}$

d) $g_4'(x) = \frac{f'(x)}{f(x)}$

Lösung 7.4

a) $\sin'(x) = \sum_{n=0}^{\infty}(-1)^n \frac{x^{2n}(2n+1)}{(2n+1)!} = \sum_{n=0}^{\infty}(-1)^n \frac{x^{2n}}{(2n)!} = \cos(x)$,
$\sin''(x) = \cos'(x) = 0 + \sum_{n=1}^{\infty}(-1)^n \frac{x^{2n-1}2n}{(2n)!}$
$= \sum_{n=1}^{\infty}(-1)^n \frac{x^{2n-1}}{(2n-1)!} = -\sin(x)$

b) $\cos'(x) = -\sin(x)$ (siehe oben),
$\cos''(x) = -\sin'(x) = -\cos(x)$ (siehe oben)

Lösung 7.5 Es gilt:

$$\frac{12x}{6+x} = 12\frac{x}{6+x} = 12\left(\frac{6+x}{6+x} - \frac{6}{6+x}\right) = 12 - \frac{72}{6+x}$$

und

$$((6+x)^{-1})' = -(6+x)^{-2}$$

usw. Das heißt, man erhält schließlich

$$f^{(4)}(x) = -\frac{24 \cdot 72}{(6+x)^5} = -\frac{1728}{(6+x)^5}.$$

Lösung 7.6 Definieren Sie $g(x) := f(x) - x^2$. Dann gilt $g''(x) = f''(x) - 2 = 0$ nach Voraussetzung. Man wähle ein $x \neq 0$ und als zweiten Punkt $x = 0$. Wenden Sie nun den Mittelwertsatz auf g' an. Dann folgt, dass es eine Zwischenstelle $\xi \in (0, x)$ gibt mit

$$\frac{g'(x) - g'(0)}{x - 0} = g''(\xi) = 0.$$

Also gilt $g'(x) = g'(0)$. Damit ist g' konstant.
Wenden Sie nun den Mittelwertsatz auf g an. Dann folgt, dass es ein $\eta \in (0, x)$ gibt mit

$$\frac{g(x) - g(0)}{x - 0} = g'(\eta) = g'(0).$$

Durch Umformung erhält man weiter:

$$g(x) = g'(0)x + g(0).$$

Wegen der Definition von g folgt schließlich

$$f(x) = x^2 + g(x) = x^2 + g'(0)x + g(0).$$

Lösung 7.7

a) Eine relative Änderungsrate beschreibt eine Änderung, bezogen auf den unveränderten Wert. Für eine Funktion f beschreibt die relative Änderungsrate in einem Punkt x also die Änderung von f an einem Punkt (also deren Ableitung) geteilt durch f ausgewertet an der Stelle x, d.h. $f'(x)/f(x)$.

b) i) $f'(x)/f(x) = 1/x$

   ii) $f'(x)/f(x) = 3x^2/x^3$

   iii) $f'(x)/f(x) = a$

   iv) $f'(x)/f(x) = 1/[(1+x)\ln(1+x)]$

c) Sei $g(x) := \ln(f(x))$. Dann ist die Ableitung von g gegeben durch:

$$g'(x) = \frac{f'(x)}{f(x)}.$$

8
Optimierung I

Aufgaben

Aufgabe 8.1 Definieren Sie, wann eine Funktion $f : [a,b] \to \mathbb{R}$ ein (lokales) Maximum $x_{max} \in [a,b]$ beziehungsweise (lokales) Minimum $x_{min} \in [a,b]$ hat.

Aufgabe 8.2 Wann heißt eine Funktion $f : [a,b] \to \mathbb{R}$ konvex bzw. konkav?

Aufgabe 8.3 Bestimmen Sie die lokalen Extrema folgender Funktionen auf $\mathbb{R}$:

a) $f_1(x) = x^3 - x^2$

b) $f_2(x) = \exp(x)\left(x^2 - 3\right)$

c) $f_3(x) = x \ln(x)$.

Aufgabe 8.4 Bestimmen Sie die Bereiche, in denen folgende Funktionen von $(-1, 10)$ in die reellen Zahlen monoton steigend sind:

a) $f_1(x) = x - x^2$

b) $f_2(x) = x \log(1 + x)$

c) $f_3(x) = (1 - x)\sqrt{1 + x}$

Aufgabe 8.5 Seien $c(x)$ die Gesamtkosten, die eine Firma für die Produktion von x Einheiten einer Ware aufwenden muss. Es gelte $c(0) = 0$, d. h. es fallen keine Fixkosten an. Unter den Grenzkosten versteht man die Ableitung $c'(x)$. Zeigen Sie mit Hilfe des Mittelwertsatzes, dass folgende Behauptung gilt: Es gibt immer eine Einheit $\xi < x$, für die die Grenzkosten den Durchschnittskosten $\frac{c(x)}{x}$ entsprechen.

Aufgabe 8.6 Bestimmen Sie folgende Grenzwerte:

a) $\lim_{x \to 2} \frac{x^3 - 8}{x^2 - 4}$

b) $\lim_{x \to 0} \frac{\exp(x) - 1}{x}$

c) $\lim_{x \to 1} \frac{2^{1-x} - 1}{1 - x}$

d) $\lim_{x \to \infty} \frac{x}{\ln(1 + x^2)}$.

Aufgabe 8.7 Bestimmen Sie, ob die Funktionen konkav, konvex oder beides sind.

a) $f_1(x) = x$

b) $f_2(x) = -x^2$

c) $f_3(x) = \ln(1 + x^2)$

d) $f_4(x) = 5$

e) $f_5(x) = \sqrt{6x}$

f) $f_6(x) = \exp(-x^2)$.

Aufgabe 8.8 Sei $f : [a, b] \to \mathbb{R}$ strikt konkav. Zeigen Sie, dass f höchstens ein (globales) Maximum hat.

Lösungen

Lösung 8.1 Sei $f : [a, b] \to \mathbb{R}$ eine Funktion. Ein Punkt $x_{max} \in [a, b]$ heißt (lokales) Maximum von f, wenn es ein $\varepsilon > 0$ gibt mit $f(x_{max}) \geq f(y)$ für alle $y \in [a, b]$ mit $|x_{max} - y| < \varepsilon$. $x_{min} \in [a, b]$ heißt (lokales) Minimum von f, wenn x_{min} ein (lokales) Maximum der Funktion $-f$ ist.

Lösung 8.2
Eine Funktion $f : [a, b] \to \mathbb{R}$ heißt konvex, wenn für alle $x, y \in [a, b]$ und alle $\alpha \in (0, 1)$ gilt:

$$f(\alpha x + (1 - \alpha)y) \leq \alpha f(x) + (1 - \alpha)f(y).$$

Die Funktion heißt konkav, wenn unter gleichen Voraussetzungen gilt:

$$f(\alpha x + (1 - \alpha)y) \geq \alpha f(x) + (1 - \alpha)f(y).$$

Lösung 8.3

a) Für die Funktion f_1 gilt:

$$f_1'(x) = 3x^2 - 2x = 0 \Leftrightarrow x(3x - 2) = 0 \,.$$

Kandidaten für Extremstellen sind also $x_1^* = 0$ und $x_2^* = 2/3$. Ferner gilt:

$$f_1''(x) = 6x - 2 \,,$$

so dass $f_1''(0) = -2 < 0 - x_1^* = 0$ ein Maximum ist. Wegen $f_1''(2/3) = 2 > 0$ ist $x_2^* = 2/3$ ein Minimum.

b) Für die Funktion f_2 gilt:

$$f_2'(x) = \exp(x)\left(x^2 + 2x - 3\right) = 0 \Leftrightarrow x^2 + 2x - 3 = 0 \,.$$

Mit Hilfe der $p - q$-Formel erhält man daraus folgende Nullstellen: $x_1^* = 1$ und $x_2^* = -3$. Ferner gilt:

$$f_2''(x) = \exp(x)\left(x^2 + 4x - 1\right) \,.$$

Damit folgt $f_2''(1) = 4\exp(1) > 0$, so dass an der Stelle $x_1^* = 1$ ein Minimum vorliegt. Wegen $f_2''(-3) = -4\exp(-3) < 0$ liegt an der Stelle $x_2^* = -3$ ein Maximum vor.

c) Für die Funktion f_3 gilt:
$$f_3'(x) = \ln(x) + 1 = 0 \Leftrightarrow \ln(x) = -1 \, .$$
Einzige Nullstelle von f_3' ist somit $x^* = \exp(-1)$. Ferner gilt:
$$f_3''(x) = \frac{1}{x} \, ,$$
und wegen $f_3''(\exp(-1)) = \frac{1}{\exp(-1)} > 0$ liegt an der Stelle $x^* = \exp(-1)$ ein Minimum der Funktion f_3.

Lösung 8.4 Überprüfen Sie jeweils, in welchem Intervall $f'(x) \geq 0$ gilt.

a) $f_1'(x) = 1 - 2x \geq 0 \Leftrightarrow x \leq \frac{1}{2}$,
also $x \in (-1, \frac{1}{2}]$

b) $f_2'(x) = \log(1+x) + \frac{x}{1+x} \geq 0 \Leftrightarrow \log(1+x) \geq -\frac{x}{1+x}$,
also $x \in [0, 10)$

c) $f_3'(x) = -\sqrt{1+x} + \frac{1-x}{2\sqrt{1+x}} \geq 0 \Leftrightarrow \frac{1-x}{2} \geq 1+x \Leftrightarrow x \leq -\frac{1}{3}$,
also $x \in (-1, -\frac{1}{3}]$

Lösung 8.5 Das Resultat folgt direkt aus dem Mittelwertsatz, angewendet auf das Intervall $[0, x]$. Man beachte dabei, dass $c(0) = 0$ gilt.

Lösung 8.6 Durch Anwendung der Regel von de l'Hospital erhält man:

a) $\lim_{x \to 2} \frac{x^3 - 8}{x^2 - 4} = \lim_{x \to 2} \frac{3x^2}{2x} = 3$

b) $\lim_{x \to 0} \frac{\exp(x) - 1}{x} = \lim_{x \to 0} \exp(x) = 1$

c) $\lim_{x \to 1} \frac{2^{1-x} - 1}{1-x} = \lim_{x \to 1} \ln(2) \exp((1-x) \ln(2)) = \ln(2)$

d) $\lim_{x \to \infty} \frac{x}{\ln(1+x^2)} = \lim_{x \to \infty} \frac{1+x^2}{2x} = \infty$.

Lösung 8.7 Prüfen Sie die zweite Ableitung oder die Monotonie der ersten Ableitung.

a) $f_1''(x) = 0$, also ist f_1 sowohl konkav als auch konvex für alle x.

b) $f_2''(x) = -2 < 0$, also ist f_2 konkav für alle x.

c) $f_3''(x) = \frac{2(1-x^2)}{(1+x^2)^2}$, also ist f_3 konkav für $|x| \geq 1$ und konvex für $|x| \leq 1$.

d) $f_4''(x) = 0$, also ist f_4 sowohl konkav als auch konvex für alle x.

e) $f_5''(x) = -\frac{9}{(\sqrt{6x})^3}$, also ist f_5 konkav für $x > 0$.

f) $f_6''(x) = (4x^2 - 2)\exp(-x^2)$, also ist f_6 konkav für $x \in [-\frac{1}{\sqrt{2}}, \frac{1}{\sqrt{2}}]$ und konvex, falls $x \in (-\infty, -\frac{1}{\sqrt{2}}] \cup [\frac{1}{\sqrt{2}}, \infty)$.

Lösung 8.8 Seien $x \neq x'$ zwei verschiedene globale Maxima. Dann muss $f(x) = f(x')$ gelten. Setzen Sie nun $y = \frac{1}{2}(x + x')$. Wegen der strikten Konkavität gilt dann

$$f(y) > \frac{1}{2}\left(f(x) + f(x')\right) = f(x).$$

Dies ist aber ein Widerspruch dazu, dass x ein globales Maximum ist.

9

Integration

Aufgaben

Aufgabe 9.1 Sei $f : [a, b] \to \mathbb{R}$. Geben Sie an, was es bedeutet, dass die Funktion f auf $[a, b]$ Riemann-integrierbar ist. [Hinweis: Zerlegung, Feinheit, Stützstellen, Riemann-Summe, ...]

Aufgabe 9.2 Betrachten Sie die Entwicklung eines Fußballvereins. Die fußballerische Qualität in Abhängigkeit der Zeit werde durch die Funktion $f(t)$ beschrieben. Die Geschwindigkeit dieser Qualitätsänderung ist dann die erste Ableitung $f'(t)$. Die Beschleunigung der Qualitätsänderung wird durch die zweite Ableitung $f''(t)$ angegeben.

Nehmen Sie an, dass der Fußballverein in $t = 0$ mit einer Qualität von 100 Einheiten „Profifußball" startet. Die anfängliche Geschwindigkeit der Qualitätsänderung sei $f'(0) = -1$. Die Beschleunigung von $t = 0$ bis $t = 10$ sei konstant -1. Bestimmen Sie die Qualität in $t = 10$.

In $t = 10$ wird ein neuer Trainer eingestellt. Als Trainer hat er Einfluss *nicht* auf die direkte Qualität des Teams, *nicht* auf die Geschwindigkeit der Qualitätsänderung, *aber* auf die Beschleunigung. Von $t = 10$ an sei also die Beschleunigung

$$f''(t) = t - 11.$$

Zeichnen Sie die Beschleunigung in einen Graphen ein. Bestimmen Sie die weitere Entwicklung des Fußballvereins. Wie lange dauert es, bis es wieder aufwärts geht, d. h. ab wann gilt $f'(t) \geq 0$?

Aufgabe 9.3 Berechnen Sie folgende Integrale:

a) $\int_0^1 (x + x^2)\,\mathrm{d}x$

b) $\int_1^3 2^x \mathrm{d}x$

c) $\int_0^1 2^x x^2 \mathrm{d}x$ [Tipp: zweimalige partielle Integration]

d) $\int_1^0 \frac{x}{1+x} \mathrm{d}x$ [Tipp: Partialbruchzerlegung]

e) $\int_0^2 x \exp(x^2) \mathrm{d}x$ [Tipp: Substitutionsregel].

Aufgabe 9.4 Betrachten Sie folgende Funktion in ihrem Definitionsbereich $(0, \infty)$ mit $a > 0$:

$$f(x) = x^2 \ln(ax).$$

a) Bestimmen Sie den (die) Extremwert(e) von f und ermitteln Sie jeweils, ob es sich dabei um ein Minimum oder Maximum handelt.

b) Geben Sie an, für welchen Teil ihres Definitionsbereichs die Funktion konkav bzw. konvex ist.

c) Berechnen Sie das Integral $\int_0^1 f(x) \mathrm{d}x$.

Aufgabe 9.5 Betrachten Sie folgende Funktion in ihrem Definitionsbereich $[-5, 1]$ mit $b \geq 0$:

$$f(x) = (b + x)^2 + x^3$$

a) Ist die Funktion auf dem Intervall $[-5, -1]$ strikt konvex? Begründen Sie Ihre Antwort.

b) Bestimmen Sie den (die) Extremwert(e) von f für $b = 0$ und ermitteln Sie jeweils, ob es sich dabei um ein Minimum oder Maximum handelt.

c) Berechnen Sie das Integral $\int_{-1}^1 f(x) \mathrm{d}x$ in Abhängigkeit von b.

Aufgabe 9.6 Sei f eine zweimal stetig differenzierbare Funktion mit $f(0) = f'(0) = 0$. Zeigen Sie, dass gilt:
$$f(x) = \int_0^x \int_0^y f''(z)\mathrm{d}z\mathrm{d}y.$$

Aufgabe 9.7 Betrachten Sie die Funktion $f(x) = x^y e^x$ mit $y \in \mathbb{N}$ gerade, auf ihrem Definitionsbereich $\mathbb{R}$.

a) Untersuchen Sie, wann die Funktion streng monoton fallend bzw. streng monoton wachsend ist.

b) Berechnen Sie die lokalen und globalen Extrema.

c) Berechnen Sie das Integral $\int_0^1 f(x)\mathrm{d}x$.

Aufgabe 9.8 Sei (a_n) die durch $a_0 = 0$ und $a_{n+1} = \frac{1}{2}a_n + 2$ gegebene Folge.

a) Bestimmen Sie die ersten fünf Folgenglieder.

b) Zeigen Sie per Induktion, dass $a_n < 4$ für alle n gilt.

c) Sei $f(x) = \sum_{n=0}^{\infty} a_n x^n$. Zeigen Sie, dass für $|x| < 1$ f wohldefiniert ist (Geometrische Reihe).

d) Zeigen Sie, dass $f(x) - \frac{1}{2}xf(x) = \frac{2x}{1-x}$ gilt und daher $f(x) = \frac{2x}{(1-x)(1-1/2x)}$ ist.

e) Überprüfen Sie, ob $f(x) = \left(\frac{4}{1-x} - \frac{4}{1-\frac{1}{2}x}\right)$ gilt.

f) Verwenden Sie die Taylorreihe zu $1/(1-x)$, um zu zeigen, dass gilt: $a_n = 4\left(1 - \frac{1}{2^n}\right)$.

Aufgabe 9.9*

a) Das Intervall $[0,1]$ wird durch $x \in (0,1)$ nach dem sogenannten Goldenen Schnitt geteilt, wenn sich die Strecke $[0,x]$ zur Strecke $[x,1]$ so verhält wie das gesamte Intervall $[0,1]$ zu $[0,x]$. Bestimmen Sie x. Das Verhältnis $\frac{x}{1-x}$ wird üblicherweise mit ϕ (phi) bezeichnet. Bestimmen Sie ϕ. Zeigen Sie, dass ϕ die Gleichung $\phi = 1 + 1/\phi$ erfüllt.

b) Der Goldene Schnitt ϕ taucht an den unterschiedlichsten Stellen auf: Sei (a_n) die Fibonacci–Folge, also $F_0 = 0$, $F_1 = 1$ und $F_{n+1} = F_n + F_{n-1}$ und sei

$$b_n := \frac{F_n}{F_{n-1}} \quad (n \geq 1)$$

die Folge der Wachstumsraten der Fibonacci–Folge. Bestimmen Sie den Grenzwert der Folge (b_n)!

c) Beweisen Sie per Induktion *Binets Formel*:

$$F_n = \frac{1}{\sqrt{5}} \left(\phi^n + (-1)^{n+1} \phi^{-n} \right), \quad n \in \mathbb{Z}.$$

[Tipp: Beachten Sie, dass ϕ und $-1/\phi$ eine quadratische Gleichung lösen.]

Lösungen

Lösung 9.1 Sei $f : [a,b] \to \mathbb{R}$ und sei

$$(\mathcal{Z}^n) = (\{x_0^n = a, \ldots, x_{m_n}^n = b\})$$

eine Folge von Zerlegungen von $[a,b]$, deren Feinheit gegen Null konvergiert, d. h. $\|\mathcal{Z}^n\| \to 0$. Seien ferner $(\xi_k^n)_{k=1,\ldots,n}$ Stützstellen für die Zerlegung $\mathcal{Z}^n$. Dann heißt die Folge der Riemann-Summen

$$R^n = \sum_{k=1}^{n} f(\xi_k^n)(x_k^n - x_{k-1}^n)$$

Riemann-Folge zu f.
Wenn alle Riemann-Folgen zu f gegen ein und denselben Grenzwert $I(f)$ konvergieren, dann ist f (Riemann-)integrierbar und man setzt

$$\int_a^b f(x)\mathrm{d}x = I(f) \,.$$

Lösung 9.2 Nach dem 1. Hauptsatz der Integration gilt:

$$f(t) = f(0) + \int_0^t f'(u)\mathrm{d}u.$$

Da f'' gegeben ist, beginnt man mit der Berechnung von f':

$$f'(t) = \begin{cases} f'(0) + \int_0^t f''(u)\mathrm{d}u & \text{für } t \leq 10 \\ f'(0) + \int_0^{10} f''(u)\mathrm{d}u + \int_{10}^t f''(u)\mathrm{d}u & \text{sonst} \end{cases}$$

$$= \begin{cases} -1 - t & \text{für } t \leq 10 \\ -1 - 10 + 1/2\, t^2 - 11t - 50 + 110 & \text{sonst} \end{cases}$$

$$= \begin{cases} -1 - t & \text{für } t \leq 10 \\ 1/2\, t^2 - 11t + 49 & \text{sonst} \end{cases}.$$

Nun berechnet man die Qualität f. Für $t \leq 10$ gilt

$$f(t) = 100 + \int_0^t (-1 - u)\mathrm{d}u = 100 - t - 1/2\, t^2.$$

Also $f(10) = 40$. Nach $t = 10$ gilt dann:

$$f(t) = 100 + \int_0^{10} f'(u)\mathrm{d}u + \int_{10}^t f'(u)\mathrm{d}u$$
$$= 40 + 1/6t^3 - 11/2t^2 + 49t - 500/3 + 550 - 490$$
$$= 1/6t^3 - 11/2t^2 + 49t - 200/3$$

Es bleibt zu bestimmen, wann es wieder aufwärts geht. Dies ist dann der Fall, wenn $f'(t) \geq 0$ gilt, also ab $t = 11 + \sqrt{23}$.

Lösung 9.3

a) $\int_0^1 (x + x^2)\,\mathrm{d}x = 5/6$

b) $\int_1^3 2^x \mathrm{d}x = 6/\log(2)$

c)
$$\int_0^1 2^x x^2 \mathrm{d}x = \frac{2^x}{\log 2} x^2 \Big|_0^1 - \int_0^1 \frac{2^x}{\log 2} 2x\,\mathrm{d}x$$
$$= \frac{2}{\log 2} - \frac{2^x}{(\log 2)^2} 2x \Big|_0^1 + \int_0^1 \frac{2^x}{(\log 2)^2} 2\,\mathrm{d}x$$
$$= \frac{2}{\log 2} - \frac{4}{(\log 2)^2} + \frac{2}{(\log 2)^3} \approx 0.5654$$

d) Es gilt $\frac{x}{1+x} = 1 - \frac{1}{1+x}$. Damit folgt:

$$\int_1^0 \frac{x}{1+x}\mathrm{d}x = -\int_0^1 \frac{x}{1+x}\mathrm{d}x = -1 + \log(2).$$

e) $x\exp(x^2)$ ist die Ableitung von $\exp(x^2)/2$. Das Ergebnis ist somit $\frac{\exp(4)-1}{2}$.

Lösung 9.4

a) kritischer Punkt:

$$f'(x) = 2x^* \ln(ax^*) + x^* \stackrel{!}{=} 0 \Leftrightarrow \ln(ax^*) = -\frac{1}{2} \Leftrightarrow x^* = \frac{e^{-\frac{1}{2}}}{a}$$

Minimum, da:

$$f''(x) = 2\ln(ax^*) + 3 = 2 > 0$$

b) Wendepunkt bei

$$f''(x) = 2\ln(ax) + 3 \stackrel{!}{=} 0 \Leftrightarrow x = \frac{e^{-\frac{3}{2}}}{a}$$

Da $f''(x) < 0$ für $x \in \left(0, \frac{e^{-\frac{3}{2}}}{a}\right)$ ist f dort konkav. Für $x \in \left(\frac{e^{-\frac{3}{2}}}{a}, \infty\right)$ ist f konvex.

c) Mit Hilfe der Regel von l'Hospital erhält man

$$\int_0^1 x^2 \ln(ax)\,\mathrm{d}x = \left[\frac{1}{3}x^3 \ln(ax)\right]_0^1 - \frac{1}{3}\int_0^1 x^2\,\mathrm{d}x$$

$$= \frac{1}{3}\ln(a) - \left[\frac{\ln(ax)}{3x^{-3}}\right]_{x=0} - \frac{1}{9}$$

$$= \frac{1}{3}\ln(a) - \left[\frac{x^{-1}}{-9x^{-4}}\right]_{x=0} - \frac{1}{9}$$

$$= \frac{1}{3}\ln(a) - \frac{1}{9}.$$

Lösung 9.5

a) Nein, die Funktion ist auf dem Intervall $[-5, -1]$ nicht strikt konvex, da
$$f''(x) = 2 + 6x < 0$$
für $x \in [-5, -1]$. Die Funktion f ist auf dem Intervall $[-5, -1]$ also strikt konkav.

b) kritischer Punkt:
$f'(x) = 2x + 3x^2 \stackrel{!}{=} 0 \Leftrightarrow x_1 = 0,\ x_2 = -\frac{2}{3}$

Extrema:
$f''(x_1) = 2 + 6x_1 = 2 > 0$, also handelt es sich um ein Minimum.
$f''(x_2) = 2 + 6x_2 = -2 < 0$, also handelt es sich um ein Maximum.

c)
$$\int_{-1}^{1}(b+x)^2 + x^3\,\mathrm{d}x = \left[\frac{1}{3}(b+x)^3 + \frac{1}{4}x^4\right]_{-1}^{1}$$
$$= \frac{1}{3}(b+1)^3 - \frac{1}{3}(b-1)^3$$
$$= \frac{1}{3}(6b^2 + 2)$$
$$= 2b^2 + \frac{2}{3}$$

Lösung 9.6 Die Behauptung erhält man durch zweimalige Anwendung des ersten Hauptsatzes.

Lösung 9.7

a) Für die Ableitung von f gilt:
$$f'(x) = yx^{y-1}e^x + x^y e^x = x^{y-1}e^x(y+x)\,.$$
f wächst also streng monoton auf $(-\infty, -y) \cup (0, \infty)$ und fällt streng monoton auf $(-y, 0)$.

b) Aus Teil a) folgt, dass f ein lokales Maximum in $-y$ und ein lokales Minimum in 0 hat. Das lokale Minimum ist zugleich ein globales Minimum von f.

c) Mehrmalige Anwendung der partiellen Integration liefert:
$$\int_0^1 x^y e^x \,\mathrm{d}x = [x^y e^x]_0^1 - \int_0^1 yx^{y-1}e^x\,\mathrm{d}x = \ldots$$
$$= \left[e^x \sum_{i=0}^{y}(-1)^i x^i \prod_{j=i+1}^{y} j\right]_0^1$$
$$= e^1 \sum_{i=0}^{y}(-1)^i \prod_{j=i+1}^{y} j - y!.$$

Lösung 9.8

a) Die ersten fünf Folgenglieder sind gegeben durch:
$$0, 2, 3, 7/2, 15/4, 31/8$$
und nähern sich der 4 an. Das zehnte Folgenglied ist schon ungefähr 3.996.

b) Der Induktionsanfang gilt wegen $a_0 = 0 < 4$. Für den Induktionsschritt gilt wegen der Induktionsvoraussetzung
$$a_{n+1} = \frac{1}{2}a_n + 2 < \frac{1}{2} \cdot 4 + 2 = 4.$$

c) Wegen $a_n < 4$ kann man abschätzen, dass gilt:
$$\left| \sum_{n=0}^{\infty} a_n x^n \right| \leq 4 \sum_{n=0}^{\infty} |x|^n.$$
Dies ist eine geometrische Reihe, die für $|x| < 1$ konvergiert. Also ist auch $f(x)$ endlich und damit wohldefiniert.

d) Es gilt
$$f(x) - \frac{1}{2}xf(x) = a_0 + a_1 x + a_2 x^2 + a_3 x^3 + \ldots$$
$$- \frac{1}{2}a_0 x - \frac{1}{2}a_1 x^2 - \frac{1}{2}a_2 x^3 - \ldots$$
$$= a_0 + x\left(a_1 - \frac{1}{2}a_0\right) + x^2\left(a_2 - \frac{1}{2}a_1\right) + \ldots$$

Wegen der Definition der Folge ist stets $a_n - \frac{1}{2}a_{n-1} = 2$. Also folgt:
$$f(x) - \frac{1}{2}xf(x) = a_0 + 2\left(x + x^2 + x^3 + \ldots\right)$$
$$= 2x\left(1 + x + x^2 + x^3 + \ldots\right)$$
$$= \frac{2x}{1-x}.$$

Dies ist äquivalent zu:
$$f(x) = \frac{2x}{(1-x)\left(1 - \frac{1}{2}x\right)}.$$

e) Man kann die Partialbruchzerlegung durchführen oder einfach die Lösung in der Aufgabestellung überprüfen.

f) Man weiß also nun, dass gilt:
$$f(x) = 4\left(\frac{1}{1-x} - \frac{1}{1-\frac{1}{2}x}\right).$$

Ferner ist die Taylorreihe zu $\frac{1}{1-x}$ durch die folgende geometrische Reihe gegeben:
$$\frac{1}{1-x} = \sum_{n=0}^{\infty} x^n.$$

Also kann man f schreiben als
$$f(x) = 4\left(\sum_{n=0}^{\infty} x^n - \sum_{n=0}^{\infty} \frac{1}{2^n} x^n\right) = \sum_{n=0}^{\infty} 4\left(1 - \frac{1}{2^n}\right) x^n.$$

Andererseits gilt $f(x) = \sum a_n x^n$. Koeffizientenvergleich liefert dann die Behauptung, nämlich
$$a_n = 4\left(1 - \frac{1}{2^n}\right).$$

Lösung 9.9*

a) Für x muss gelten
$$\frac{x}{1-x} = \frac{1}{x}.$$

Dies führt auf die quadratische Gleichung
$$x^2 + x - 1 = 0,$$

die die folgenden Lösungen hat:
$$x_{1,2} = -\frac{1}{2} \pm \sqrt{\frac{1}{4} + 1}.$$

Man betrachte nur die positive Lösung, also
$$x = -\frac{1}{2} + \sqrt{\frac{1}{4} + 1} = \frac{\sqrt{5}-1}{2}.$$

Für den Goldenen Schnitt
$$\phi = \frac{x}{1-x} = \frac{1}{x}$$
gilt dann
$$\phi = \frac{2}{\sqrt{5}-1} = \frac{\sqrt{5}+1}{2} \simeq 1.618\,.$$
Durch direktes Rechnen kann man nun nachprüfen, dass ϕ die folgende Gleichung erfüllt ist:
$$\phi = 1 + \frac{1}{\phi}\,.$$

b) Sei (a_n) die Fibonacci–Folge und
$$b_n = \frac{a_n}{a_{n-1}}\,.$$
Dann gilt wegen der Definition von (a_n)
$$b_{n+1} = \frac{a_{n+1}}{a_n} = \frac{a_n + a_{n-1}}{a_n} = 1 + \frac{a_{n-1}}{a_n} = 1 + \frac{1}{b_n}\,.$$
Wenn (b_n) gegen b konvergiert, dann erfüllt der Grenzwert folgende Gleichung
$$b = 1 + \frac{1}{b}\,.$$
Also gilt $b = \phi$.

c) Wegen $\phi = 1+1/\phi$ erfüllt ϕ die quadratische Gleichung $\phi^2 - \phi - 1 = 0$ mit positiver Lösung $\phi = \frac{1+\sqrt{5}}{2}$.
Für $\psi = -\frac{1}{\phi}$, läßt sich Binets Formel auch schreiben als:
$$F_n = \frac{1}{\sqrt{5}}\left(\phi^n - \psi^n\right).$$
Außerdem erfüllen ϕ und ψ die Gleichungen
$$x^{n+1} - x^n - x^{n-1} = 0.$$
Mit Hilfe des Induktionsansatzes läßt sich somit die Behauptung zeigen:

Induktionsanfang ($n = 1$):

$$F_0 = \frac{1}{\sqrt{5}}(1-1) = 0,$$

$$F_1 = \frac{1}{\sqrt{5}}(\phi - \psi) = \frac{1}{\sqrt{5}}\left(\frac{1+\sqrt{5}}{2} - \frac{1-\sqrt{5}}{2}\right) = 1,$$

$$F_2 = \frac{1}{\sqrt{5}}(\phi^2 - \psi^2) = \frac{1}{\sqrt{5}}\left(\frac{(1+\sqrt{5})^2}{4} - \frac{(1-\sqrt{5})^2}{4}\right) = 1$$

Induktionsschritt:

$$F_{n+1} = F_n + F_{n-1} = \frac{1}{\sqrt{5}}\left(\phi^n + \phi^{n-1} - \psi^n - \psi^{n-1}\right)$$

Wendet man nun $x^{n+1} - x^n - x^{n-1} = 0$ auf diese Gleichung an, erhält man sofort

$$F_{n+1} = \frac{1}{\sqrt{5}}\left(\phi^{n+1} - \psi^{n+1}\right).$$

Teil III

Lineare Algebra

10
Vektorräume

Aufgaben

Aufgabe 10.1 Definieren Sie den Begriff der linearen Abhängigkeit beziehungsweise linearen Unabhängigkeit von Vektoren $v_1, \ldots, v_n \in V$ in einem Vektorraum V.

Aufgabe 10.2 Definieren Sie, wann von einem Erzeugendensystem und wann von einer Basis eines Vektorraumes V gesprochen wird.

Aufgabe 10.3 Sei V ein Vektorraum. Seien $v_1, v_2 \in V$. Welche Aussagen sind richtig bzw. falsch, und warum?

a) Aus $v_1 + v_2 = 0$ folgt, dass v_1 und v_2 linear unabhängig sind.

b) v_1 und 0 sind linear abhängig.

c) Der Vektor 0 ist linear abhängig.

d) Wenn v_1 und v_2 linear unabhängig sind, dann bilden sie eine Basis von $<v_1, v_2>$.

e) Wenn v_1 und v_2 linear unabhängig sind, dann gilt $v_1 = \lambda v_2$ für eine positive reelle Zahl λ.

Aufgabe 10.4 Gegeben seien die beiden Vektoren des $\mathbb{R}^3$

$$v_1 = \begin{pmatrix} 1 \\ 2 \\ 3 \end{pmatrix} \quad \text{und} \quad v_2 = \begin{pmatrix} 0 \\ 1 \\ 4 \end{pmatrix}.$$

a) Zeigen Sie, dass v_1 und v_2 linear unabhängig sind.

b) Geben Sie einen Vektor v_3 an, so dass v_1, v_2, v_3 eine Basis des $\mathbb{R}^3$ bilden.

Aufgabe 10.5 Sei $\mathbb{R}^{2\times 2}$ die Menge aller 2×2–Matrizen der Form

$$\begin{pmatrix} a_{11} & a_{12} \\ a_{21} & a_{22} \end{pmatrix}.$$

Definieren Sie eine Addition und eine Multiplikation mit reellen Zahlen, so dass $\mathbb{R}^{2\times 2}$ mit diesen Operationen ein Vektorraum wird (und prüfen Sie die Vektorraum-Bedingungen nach).

Aufgabe 10.6 Sei $C[0,1]$ der Vektorraum aller stetigen Funktionen mit Definitionsbereich $[0,1]$. Ferner sei U die Teilmenge aller quadratischen Polynome mit Definitionsbereich $[0,1]$, d.h.

$$U = \left\{ f \in C[0,1] \mid f \text{ quadr. Polynom der Form } f(x) = a + bx + cx^2 \right\}.$$

Zeigen Sie, dass U ein Unterraum von $C[0,1]$ ist. Geben Sie eine Basis dieses Unterraumes an.

Aufgabe 10.7 Welche der folgenden Abbildungen $f: \mathbb{R}^2 \to \mathbb{R}$ sind linear? Begründen Sie Ihre Antwort.

a) $f_1(x_1, x_2) = x_1 x_2$

b) $f_2(x_1, x_2) = x_1 + 5x_2$

c) $f_3(x_1, x_2) = 1 + x_1$

d) $f_4(x_1, x_2) = x_1 + x_2^2$

Aufgabe 10.8 Sei V der Vektorraum aller differenzierbaren Funktionen $f: (0,1) \to \mathbb{R}$. Sei W der Vektorraum aller Funktionen $g: (0,1) \to \mathbb{R}$. Zeigen Sie, dass die Abbildung $D: V \to W$ mit $D(f) = f'$ eine lineare Abbildung ist.

Aufgabe 10.9 Geben Sie für folgende lineare Abbildungen jeweils Definitions- und Wertebereich sowie die Matrixdarstellung an:

a) $f_1(x_1, x_2) = (x_1 + x_2, x_1 - 3x_2)$

b) $f_2(x_1, x_2, x_3) = (x_3, x_2, x_1)$

c) $f_3(x_1, x_2) = (x_2 - 8x_1, x_2)$

d) $f_4(x_1, x_2) = (0, x_1)$

Aufgabe 10.10 Berechnen Sie jeweils das Produkt von

$$A = \begin{pmatrix} 1 & 2 & 3 \\ 0 & 1 & 2 \\ 0 & 9 & -1 \\ 6 & 0 & 0 \end{pmatrix} \quad \text{bzw.} \quad B = \begin{pmatrix} 0 & 1 & -1 \\ 0 & 1 & 0 \\ 0 & 211 & 0 \\ 0 & 0 & 0 \end{pmatrix}$$

mit den Vektoren

$$v_1 = \begin{pmatrix} 1 \\ 1 \\ 1 \end{pmatrix}, v_2 = \begin{pmatrix} -1 \\ 0 \\ 2 \end{pmatrix}, v_3 = \begin{pmatrix} 0 \\ 0 \\ 3 \end{pmatrix}, v_4 = \begin{pmatrix} 2 \\ 3 \\ 73 \end{pmatrix}.$$

Aufgabe 10.11 Zeigen Sie durch geeignete Gegenbeispiele, dass folgende Aussagen über die Multiplikation einer $l \times m$–Matrix A und einer $m \times n$–Matrix B im Allgemeinen falsch sind:

a) Aus $AB = 0$ folgt $A = 0$ oder $B = 0$.

b) Es gilt $AB = BA$.

Aufgabe 10.12 Bestimmen Sie mit Hilfe des Skalarproduktes Kosinus, Sinus und Tangens zwischen folgenden Vektoren:

$$v_1 = \begin{pmatrix} 1 \\ 2 \\ 0 \end{pmatrix}, v_2 = \begin{pmatrix} -1 \\ 0 \\ 1 \end{pmatrix}, v_3 = \begin{pmatrix} 0 \\ 0 \\ 1 \end{pmatrix}.$$

Aufgabe 10.13 Eine komplexe Zahl $z = x + iy$ kann man auch als Vektor
$$z = \begin{pmatrix} x \\ y \end{pmatrix}$$
im Vektorraum $\mathbb{R}^2$ auffassen; die erste Komponente gibt dabei den Realteil von z an und die zweite Komponente den Imaginärteil.

a) Zeigen Sie, dass die geometrische Länge des Vektors
$$\left\| \begin{pmatrix} x \\ y \end{pmatrix} \right\| = \sqrt{x^2 + y^2}$$
mit dem Absolutbetrag $|z|$ übereinstimmt.

b) Veranschaulichen Sie mit Hilfe einer Grafik, dass man z auch schreiben kann als
$$z = r \begin{pmatrix} \cos \phi \\ \sin \phi \end{pmatrix}$$
für eine reelle Zahl $r \geq 0$ und einen Winkel $\phi \in [0, 2\pi)$.

Aufgabe 10.14 Bestimmen Sie die Menge aller Vektoren $v \in \mathbb{R}^3$, die orthogonal sind zu dem Vektor
$$\begin{pmatrix} 1 \\ 2 \\ -1 \end{pmatrix}$$
Zeigen Sie, dass diese Menge ein Unterraum des $\mathbb{R}^3$ ist.

Aufgabe 10.15 Zeigen Sie die Gültigkeit der folgenden Formel für Vektoren $p, x \in \mathbb{R}^n$:
$$|\tan \sphericalangle(p, x)| = \sqrt{\frac{\|p\|^2 \|x\|^2}{\langle p, x \rangle^2} - 1}.$$

Aufgabe 10.16 Bestimmen Sie jeweils eine Basis für den Kern der folgenden linearen Abbildungen:

a) $\begin{pmatrix} x_1 \\ x_2 \\ x_3 \end{pmatrix} \mapsto x_1 + 2x_2 + x_3$

b) $\begin{pmatrix} x_1 \\ x_2 \\ x_3 \end{pmatrix} \mapsto 3x_1 + 2x_2$

c) $\begin{pmatrix} x_1 \\ x_2 \\ x_3 \end{pmatrix} \mapsto \begin{pmatrix} x_1 - x_2 \\ x_1 + x_3 \end{pmatrix}$

Lösungen

Lösung 10.1 Sei V ein Vektorraum und $v_1, \ldots, v_n \in V$. Die Vektoren $v_1, \ldots, v_n$ heißen linear abhängig, wenn es reelle Zahlen $\lambda_1, \ldots, \lambda_n \in \mathbb{R}$ gibt, so dass gilt:
$$\sum_{i=1}^{n} \lambda_i v_i = 0$$
wobei mindestens ein $\lambda_i \neq 0$ ist. Lässt sich hingegen $\sum_{i=1}^{n} \lambda_i v_i = 0$ nur erreichen, indem man alle λ_i gleich Null setzt, so nennt man die Vektoren $v_1, \ldots, v_n$ linear unabhängig.

Lösung 10.2 Eine Menge von Vektoren $\mathcal{B} = \{v_1, \ldots, v_n\}$ heißt Erzeugendensystem des Vektorraumes V, wenn gilt:
$$< v_1, \ldots, v_n > = V.$$
Sind die Vektoren $v_1, \ldots, v_n$ zudem linear unabhängig, so nennt man $\mathcal{B}$ eine Basis von V.

Lösung 10.3

a) Die Aussage ist falsch, da man eine nichttriviale Linearkombination hat, die 0 ergibt. Vektoren sind ja sogar kollinear wegen $v_2 = -v_1$.

b) Die Aussage stimmt, denn es gilt etwa $0v_1 + 2 \cdot 0 = 0$. Dies ist eine nichttriviale Linearkombination, die die 0 ergibt.

c) Die Aussage stimmt, denn $\lambda \cdot 0 = 0$ für alle reellen Zahlen λ; für $\lambda \neq 0$ ergibt sich eine nichttriviale Linearkombination.

d) Die Aussage stimmt, denn jeder Vektor aus $< v_1, v_2 >$ lässt sich als $\lambda_1 v_1 + \lambda_2 v_2$ schreiben. Also erzeugen v_1, v_2 (per Definition) den Vektorraum $< v_1, v_2 >$. Wenn sie zusätzlich linear unabhängig sind, dann bilden sie eine Basis.

e) Die Aussage ist falsch, denn dann wären sie ja gerade linear abhängig.

Lösung 10.4

a) Es gelte $\lambda_1 v_1 + \lambda_2 v_2 = 0$, also
$$\lambda_1 + \lambda_2 \cdot 0 = 0$$
$$2\lambda_1 + \lambda_2 = 0$$
$$3\lambda_1 + 4\lambda_2 = 0.$$

Aus der ersten Gleichung folgt $\lambda_1 = 0$ und daher sofort auch $\lambda_2 = 0$. Damit sind die Vektoren linear unabhängig.

b) Jede Basis des $\mathbb{R}^3$ hat drei Elemente. Wenn man also einen Vektor v_3 findet, so dass v_1, v_2, v_3 linear unabhängig sind, so hat man eine Basis des $\mathbb{R}^3$. Man versuche, einen einfachen Vektor zu finden, etwa
$$v_3 = \begin{pmatrix} x_1 \\ x_2 \\ 0 \end{pmatrix}.$$

Diese Vektoren sind linear unabhängig, wenn aus
$$\lambda_1 v_1 + \lambda_2 v_2 + \lambda_3 v_3 = 0$$
stets
$$\lambda_1 = \lambda_2 = \lambda_3 = 0$$
folgt. Also
$$\lambda_1 + 0\lambda_2 + x_1 \lambda_3 = 0$$
$$2\lambda_1 + \lambda_2 + x_2 \lambda_3 = 0$$
$$3\lambda_1 + 4\lambda_2 + 0\lambda_3 = 0.$$

Aus der ersten Gleichung folgt $\lambda_1 = -x_1 \lambda_3$. Wenn man das in die zweite einsetzt, bekommt man $\lambda_2 = (2x_1 - x_2)\lambda_3$. Dies soll ja 0 sein, also wähle man $2x_1 = x_2$, z. B. $x_1 = 1, x_2 = 2$. Man setze also
$$v_3 = \begin{pmatrix} 1 \\ 2 \\ 0 \end{pmatrix}.$$

Lösung 10.5 Man definiert Addition und Multiplikation komponentenweise. Assoziativgesetz und Kommutativgesetz folgen aufgrund ihrer Gültigkeit in $\mathbb{R}$.

Lösung 10.6 Wegen des Unterraumkriteriums reicht es zu zeigen, dass $0 \in U$ und dass U unter Differenzen und Multiplikationen mit reellen Zahlen abgeschlossen ist.

Wenn man $a = b = c = 0$ setzt, dann ist $f(x) = 0$. Die Nullfunktion, und damit auch der Nullvektor in $C[0,1]$, ist also in U.

Seien nun $f_1(x) = a_1 + b_1 x + c_1 x^2$ und $f_2(x) = a_2 + b_2 x + c_2 x^2$ in U. Dann ist die Differenz

$$(f_1 - f_2)(x) = (a_1 - a_2) + (b_1 - b_2)x + (c_1 - c_2)x^2$$

wieder ein Polynom zweiten Grades, (mit den Koeffizienten $a_3 = a_1 - a_2$ usw.), also in U. Analog für Multiplikation mit λ.

Lösung 10.7

a) $f_1(x_1, x_2) = x_1 x_2$ ist nicht linear, da etwa für $x = (1,1)$ gilt $f_1(2x) = f_1(2,2) = 4 \neq 2f_1(x) = 2$.

b) $f_2(x_1, x_2) = x_1 + 5x_2$ ist linear, denn: Sei $x = (x_1, x_2)$ und $y = (y_1, y_2)$ gegeben. Dann ist

$$f_2(x) + f_2(y) = x_1 + 5x_2 + y_1 + 5y_2 = (x_1 + y_1) + 5(x_2 + y_2) = f_2(x+y)$$

und für $\lambda \in \mathbb{R}$

$$f_2(\lambda x) = \lambda x_1 + 5\lambda x_2 = \lambda(x_1 + 5x_2) = \lambda f_2(x).$$

Man beachte, wie hier die Rechengesetze in $\mathbb{R}$ benutzt werden.

c) $f_3(x_1, x_2) = 1 + x_1$ ist nicht linear, da für $x = (0,0)$ nicht $f_3(0,0) = 0$ gilt. Oder etwa für $x = (1,0)$ gilt nicht $f_3(2x) = 2f_3(x)$ usw.

d) $f_4(x_1, x_2) = x_1 + x_2^2$ ist nicht linear, da etwa für $x = (0,1)$ gilt

$$f_4(2x) = 4 \neq 2f_4(x) = 2.$$

Lösung 10.8
Seien $f_1, f_2 \in V$ und $\lambda \in \mathbb{R}$. Dann gilt:

$$D(f_1 + f_2) = (f_1 + f_2)' = f_1' + f_2' = D(f_1) + D(f_2)$$
$$D(\lambda f_1) = (\lambda f_1)' = \lambda f_1' = \lambda D(f_1).$$

Also ist die Differentiation eine lineare Abbildung.

Lösung 10.9

a) Zu $f_1(x_1, x_2) = (x_1 + x_2, x_1 - 3x_2)$ gehört

$$F = \begin{pmatrix} 1 & 1 \\ 1 & -3 \end{pmatrix}.$$

Definitions– und Wertebereich ist $\mathbb{R}^2$.

b) Zu $f_2(x_1, x_2, x_3) = (x_3, x_2, x_1)$ gehört

$$F = \begin{pmatrix} 0 & 0 & 1 \\ 0 & 1 & 0 \\ 1 & 0 & 0 \end{pmatrix}.$$

Definitionsbereich ist $\mathbb{R}^3$ und Wertebereich ist $\mathbb{R}^3$.

c) Zu $f_3(x_1, x_2) = (x_2 - 8x_1, x_2)$ gehört

$$F = \begin{pmatrix} -8 & 1 \\ 0 & 1 \end{pmatrix}.$$

Definitionsbereich ist $\mathbb{R}^2$ und Wertebereich ist $\mathbb{R}^2$.

d) Zu $f_4(x_1, x_2) = (0, x_1)$ gehört

$$F = \begin{pmatrix} 0 & 0 \\ 1 & 0 \end{pmatrix}.$$

Definitions– und Wertebereich ist $\mathbb{R}^2$.

Lösung 10.10
Für die erste Matrix gilt:

$$A \cdot v_1 = \begin{pmatrix} 6 \\ 3 \\ 8 \\ 6 \end{pmatrix}, A \cdot v_2 = \begin{pmatrix} 5 \\ 4 \\ -2 \\ -6 \end{pmatrix}, A \cdot v_3 = \begin{pmatrix} 9 \\ 6 \\ -3 \\ 0 \end{pmatrix}, A \cdot v_4 = \begin{pmatrix} 227 \\ 149 \\ -46 \\ 12 \end{pmatrix}.$$

Für die zweite Matrix gilt:

$$B \cdot v_1 = \begin{pmatrix} 0 \\ 1 \\ 211 \\ 0 \end{pmatrix}, B \cdot v_2 = \begin{pmatrix} -2 \\ 0 \\ 0 \\ 0 \end{pmatrix}, B \cdot v_3 = \begin{pmatrix} -3 \\ 0 \\ 0 \\ 0 \end{pmatrix}, B \cdot v_4 = \begin{pmatrix} -70 \\ 3 \\ 633 \\ 0 \end{pmatrix}.$$

Lösung 10.11
Es gibt viele Möglichkeiten, etwa:
$$A = \begin{pmatrix} 0 & 1 \\ 0 & 2 \end{pmatrix}, B = \begin{pmatrix} 1 & 2 \\ 0 & 0 \end{pmatrix}.$$

Hier gilt $AB = 0$, aber sowohl $A \neq 0$ als auch $B \neq 0$. Außerdem gilt:
$$BA = \begin{pmatrix} 0 & 5 \\ 0 & 0 \end{pmatrix} \neq AB.$$

Lösung 10.12 Zunächst beachte man, dass für den Kosinus des von zwei Vektoren x und y eingeschlossenen Winkels gilt:
$$\cos \sphericalangle(x, y) = \frac{\langle x, y \rangle}{\|x\| \|y\|}.$$

Wegen des Satzes des Pythagoras gilt ferner:
$$\cos^2 \sphericalangle(x, y) + \sin^2 \sphericalangle(x, y) = 1.$$

Ferner gilt
$$\tan \sphericalangle(x, y) = \frac{\sin \sphericalangle(x, y)}{\cos \sphericalangle(x, y)}.$$

Setzt man nun die angegebenen Vektoren ein, so erhält man:
$$\langle v_1, v_2 \rangle = -1, \langle v_1, v_3 \rangle = 0, \langle v_2, v_3 \rangle = 1$$
und
$$\|v_1\| = \sqrt{5}, \|v_2\| \sqrt{2}, \|v_3\| = 1.$$

Damit folgt:
$$\cos \sphericalangle(v_1, v_2) = \frac{-1}{\sqrt{10}} = -\frac{\sqrt{10}}{10} = 0.31622,$$
$$\sin \sphericalangle(v_1, v_2) = \sqrt{1 - 1/10} = 3/\sqrt{10} = 3\sqrt{10}/10$$
und
$$\tan \sphericalangle(v_1, v_2) = -3$$

Die Vektoren v_1 und v_3 stehen senkrecht aufeinander. Also ist $\cos \sphericalangle(v_1, v_3) = 0, \sin \sphericalangle(v_1, v_3) = 1$ und der Tangens ist nicht definiert.
Analog für v_2 und v_3.

Lösung 10.13

a) Der Absolutbetrag ist definiert durch $|z| := \sqrt{x^2+y^2}$, also durch die geometrische Länge.

b) Man nutze die Geometrie des Einheitskreises.

Lösung 10.14 Hierzu muss man alle Vektoren x finden mit

$$0 = \left\langle \begin{pmatrix} x_1 \\ x_2 \\ x_3 \end{pmatrix}, \begin{pmatrix} 1 \\ 2 \\ -1 \end{pmatrix} \right\rangle = x_1 + 2x_2 - x_3.$$

Es muss also gelten:
$$x_3 = x_1 + 2x_2.$$

Diese Menge bildet einen Unterraum, da der Nullvektor diese Gleichung erfüllt und diese Menge bezüglich Differenzen und skalarer Multiplikation abgeschlossen ist.

Lösung 10.15 Es gilt $\cos \sphericalangle(x,p) = \frac{\langle x,p \rangle}{\|x\|\|p\|}$ und $\cos^2 + \sin^2 = 1$. Damit folgt:

$$\tan = \frac{\sin}{\cos} = \frac{\sqrt{1-\cos^2}}{\cos} = \sqrt{\frac{1}{\cos^2}-1} = \sqrt{\left(\frac{\|x\|\|p\|}{\langle x,p\rangle}\right)^2 - 1}.$$

Lösung 10.16

a) $\begin{pmatrix} 1 \\ 0 \\ -1 \end{pmatrix}, \begin{pmatrix} 2 \\ -1 \\ 0 \end{pmatrix}$

b) $\begin{pmatrix} 0 \\ 0 \\ 1 \end{pmatrix}, \begin{pmatrix} 2 \\ -3 \\ 0 \end{pmatrix}$

c) $\begin{pmatrix} 1 \\ 1 \\ -1 \end{pmatrix}$

11
Lineare Gleichungssysteme

Aufgaben

Aufgabe 11.1 Definieren Sie, was unter einem Rang einer $m \times n$-Matrix A verstanden wird.

Aufgabe 11.2 Betrachten Sie folgendes lineares Gleichungssystem in drei Variablen:
$$x_1 - x_2 = 1$$
$$x_1 + x_3 = 4.$$
Eine Lösung ist durch
$$x^* = \begin{pmatrix} 3 \\ 2 \\ 1 \end{pmatrix}$$
gegeben. Bestimmen Sie mit Hilfe der Lösung zu 10.16 alle Lösungen des obigen Gleichungssystems.

Aufgabe 11.3 Bestimmen Sie den Rang folgender Matrizen:

a) $A = \begin{pmatrix} 1 & 1 & 1 \\ 2 & 2 & 5 \\ 5 & 5 & 11 \end{pmatrix}$

b) $B = \begin{pmatrix} 1 & 2 & 0 \\ 0 & 1 & 67 \end{pmatrix}$

c) $C = \begin{pmatrix} 67 & 67 & 67 \\ 1 & 2 & 3 \\ 0 & 0 & 0 \\ 1 & -1 & 0 \end{pmatrix}$

d) $D = \begin{pmatrix} 0 & 0 \\ 0 & 0 \end{pmatrix}$

e) $E = \begin{pmatrix} 1 & 2 \\ 3 & 4 \\ 5 & 6 \\ 7 & 8 \end{pmatrix}$

Aufgabe 11.4 Lösen Sie folgende Gleichungssysteme mit Hilfe des Gaußschen Algorithmus (achten Sie auch auf Konsistenz!):

a)
$$x_1 + 3x_2 = 3$$
$$-x_1 + 3x_2 = 4$$

b)
$$x_1 + 3x_2 + 4x_3 = 3$$
$$-x_1 + 3x_2 - x_3 = 4$$

c)
$$x_1 + 2x_2 + 3x_3 = 1$$
$$4x_1 + 5x_2 + 6x_3 = 2$$
$$7x_1 + 8x_2 + 9x_3 = 3$$
$$x_1 + x_2 + 2x_3 = 4.$$

Aufgabe 11.5** Zeigen Sie allgemein für $p \times q$–Matrizen A und $q \times r$–Matrizen B, dass gilt:
$$(AB)^T = B^T A^T.$$

Aufgabe 11.6 Geben Sie quadratische 2×2–Matrizen A, B an, die $AB = 0$ erfüllen, wobei sowohl $A \neq 0$ als auch $B \neq 0$ gilt.

Aufgabe 11.7 Zeigen Sie, dass für $p \times q$–Matrizen A und Vektoren $x \in \mathbb{R}^q$ und $y \in \mathbb{R}^p$ gilt:
$$\langle Ax, y \rangle = \langle x, A^T y \rangle.$$

Aufgabe 11.8 Bestimmen Sie die Determinante und, wenn möglich, die Inverse folgender 2×2–Matrizen.

a) $A = \begin{pmatrix} 1 & 2 \\ 3 & 4 \end{pmatrix}$

b) $B = \begin{pmatrix} 0 & 1 \\ 1 & 0 \end{pmatrix}$

c) $C = \begin{pmatrix} 1 & 1 \\ -1 & 1 \end{pmatrix}$

Aufgabe 11.9 Sei
$$A = \begin{pmatrix} a & b \\ c & d \end{pmatrix}$$
mit $a, b, c, d \in \mathbb{R}$ eine beliebige 2×2–Matrix und B die durch Vertauschen der Spalten entstandene Matrix. Zeigen Sie, dass gilt:
$$\det A = -\det B.$$

Aufgabe 11.10 Bestimmen Sie die Determinanten folgender 4×4–Matrizen:

a) $A = \begin{pmatrix} 1 & -3 & 2 & 4 \\ 0 & 0 & 1 & 0 \\ 3 & 2 & 1 & 1 \\ 1 & 0 & 0 & 2 \end{pmatrix}$

b) $B = \begin{pmatrix} 1 & 2 & 3 & 4 \\ 0 & 2 & -2 & 1 \\ 1 & 0 & 0 & 0 \\ 2 & 0 & 3 & 0 \end{pmatrix}$

c) $C = \begin{pmatrix} 1 & 2 & 3 & 4 \\ 13 & 11 & -2 & 6 \\ 7,1 & 0 & -3 & 73 \\ 2 & 4 & 6 & 8 \end{pmatrix}$

Aufgabe 11.11 Gegeben sei das lineare Gleichungssystem $Ax = b$ mit
$$A = \begin{pmatrix} 2 & 3 & 0 \\ 2 & 0 & 2 \\ 0 & 1 & 0 \end{pmatrix} \text{ und } b = \begin{pmatrix} 1 \\ 2 \\ 3 \end{pmatrix}.$$
Bestimmen Sie die Lösung x_2 mit Hilfe der Cramerschen Regel.

Aufgabe 11.12 Bestimmen Sie jeweils, ob die Matrizen vollen Rang haben:

a) $A = \begin{pmatrix} 1 & 2 \\ 3 & 4 \end{pmatrix}$

b) $B = \begin{pmatrix} 1 & 4 & 9 \\ 0 & 1 & 2 \\ -1 & 2 & 0 \end{pmatrix}$

c) $C = \begin{pmatrix} 1 & 2 & 3 & 6 \\ 1 & 2 & 2 & 4 \\ 1 & 2 & 1 & -1 \\ 0 & 0 & 0 & 1 \end{pmatrix}$

Lösungen

Lösung 11.1 Sei A eine $m \times n$-Matrix. Unter dem Rang der Matrix A versteht man die Maximalzahl linear unabhängiger Spaltenvektoren der Matrix A.

Lösung 11.2 Die Lösungen dieses inhomogenen Gleichungssystems sind die Summe aus einer speziellen Lösung und einem Element des Kerns. Also hier:
$$\begin{pmatrix} 3 \\ 2 \\ 1 \end{pmatrix} + \lambda \begin{pmatrix} 1 \\ 1 \\ -1 \end{pmatrix} = \begin{pmatrix} 3+\lambda \\ 2+\lambda \\ 1-\lambda \end{pmatrix}$$
für $\lambda \in \mathbb{R}$.

Lösung 11.3 Zum Teil kann man den Rang der Matrizen (mit etwas Übung) direkt „sehen". Alternativ kann man den Gaußschen Algorithmus verwenden.

a) Für die Matrix A liefert der Gaußsche Algorithmus nach der ersten Umformung:
$$\begin{pmatrix} 1 & 1 & 1 \\ 0 & 0 & 3 \\ 0 & 0 & 6 \end{pmatrix}.$$
Dann vertauscht man die Spalten und erhält:
$$\begin{pmatrix} 1 & 1 & 1 \\ 0 & 3 & 0 \\ 0 & 6 & 0 \end{pmatrix}$$
und nach einer weiteren Umformung folgt:
$$\begin{pmatrix} 1 & 1 & 1 \\ 0 & 3 & 0 \\ 0 & 0 & 0 \end{pmatrix}$$
Der Rang der Matrix A ist also 2.

b) Die Matrix B hat bereits Dreiecksgestalt, wenn man eine Nullzeile hinzufügt:
$$\begin{pmatrix} 1 & 2 & 0 \\ 0 & 1 & 67 \\ 0 & 0 & 0 \end{pmatrix}$$
Also ist der Rang der Matrix B 2.

c) Bei der Matrix C vertauscht man zuerst dritte und erste Spalte und dann dritte und vierte Zeile:
$$\begin{pmatrix} 67 & 67 & 67 \\ 3 & 2 & 1 \\ 0 & -1 & 0 \\ 0 & 0 & 0 \end{pmatrix}$$

Eine Umformung liefert:
$$\begin{pmatrix} 67 & 67 & 67 \\ 0 & -67 & -134 \\ 0 & -1 & 0 \\ 0 & 0 & 0 \end{pmatrix}$$

und dann
$$\begin{pmatrix} 67 & 67 & 67 \\ 0 & -67 & -134 \\ 0 & 0 & 134 \\ 0 & 0 & 0 \end{pmatrix}$$

Also ist der Rang der Matrix C 3.

d) Der Rang der Nullmatrix D ist 0.

e) Die Matrix E hat Rang 2.

Lösung 11.4 Im Folgenden sind die zur Lösung des Gleichungssystems nötigen Schritte angegeben:

a)
$$x_1 + 3x_2 = 3$$
$$-x_1 + 3x_2 = 4$$

$$x_1 + 3x_2 = 3$$
$$6x_2 = 7$$

$$x_1 + 3x_2 = 3$$
$$x_2 = 7/6$$

$$x_1 = -1/2$$
$$x_2 = 7/6$$

b)
$$x_1 + 3x_2 + 4x_3 = 3$$
$$-x_1 + 3x_2 - x_3 = 4$$

$$x_1 + 3x_2 + 4x_3 = 3$$
$$6x_2 + 3x_3 = 7$$

c)
$$x_1 + 2x_2 + 3x_3 = 1$$
$$4x_1 + 5x_2 + 6x_3 = 2$$
$$7x_1 + 8x_2 + 9x_3 = 3$$
$$x_1 + x_2 + 2x_3 = 4$$

$$x_1 + 2x_2 + 3x_3 = 1$$
$$4x_1 + 5x_2 + 6x_3 = 2$$
$$7x_1 + 8x_2 + 9x_3 = 3$$
$$x_2 + x_3 = -3$$

$$x_1 + 2x_2 + 3x_3 = 1$$
$$4x_1 + 5x_2 + 6x_3 = 2$$
$$-6x_2 - 12x_3 = -4$$
$$x_2 + x_3 = -3$$

$$x_1 + 2x_2 + 3x_3 = 1$$
$$-3x_2 - 6x_3 = -2$$
$$-6x_2 - 12x_3 = -4$$
$$x_2 + x_3 = -3$$

$$x_1 + 2x_2 + 3x_3 = 1$$
$$-3x_2 - 6x_3 = -2$$
$$-6x_2 - 12x_3 = -4$$
$$x_3 = 11/3$$

$$x_1 + 2x_2 = 1 - 22/2$$
$$x_2 = -20/3$$
$$x_2 = -20/3$$
$$x_3 = 11/3$$

$$x_1 = 10/3$$
$$x_2 = -20/3$$
$$x_3 = 11/3$$

Lösung 11.5** Sei $C = AB$ und $D = C^T$. Laut Definition der Matrizenmultiplikation ist das Argument in der i-ten Zeile und j-ten Spalte von C gegeben durch

$$C_{ij} = \sum_{k=1}^{q} A_{ik} B_{kj}.$$

Laut Definition der transponierten Matrix gilt also:

$$D_{ij} = C_{ji} = \sum_{k=1}^{q} A_{jk} B_{ki}.$$

Andererseits ist das (i,j)-te Element von $E = B^T A^T$ gegeben durch:

$$E_{ij} = \sum_{k=1}^{q} B^T_{ik} A^T_{kj} = \sum_{k=1}^{q} A_{jk} B_{ki} = D_{ij}.$$

Damit folgt $(AB)^T = B^T A^T$ wie behauptet.

Lösung 11.6 Natürlich gibt es viele Matrizen $A, B \neq 0$, für die $AB = 0$ gilt. Zwei Beispiele sind:

$$A_1 = \begin{pmatrix} 1 & 0 \\ 0 & 0 \end{pmatrix} \quad und \quad B_1 = \begin{pmatrix} 0 & 0 \\ 0 & 1 \end{pmatrix},$$

sowie

$$A_2 = \begin{pmatrix} 1 & 1 \\ 1 & 1 \end{pmatrix} \quad und \quad B_2 = \begin{pmatrix} 2 & 2 \\ -2 & -2 \end{pmatrix}.$$

Lösung 11.7 Die Lösung ergibt sich entweder durch explizites Nachrechnen oder indem man sich überlegt, dass gilt:

$$\langle Ax, y \rangle = (Ax)^T y = \left(x^T A^T\right) y = x^T \left(A^T y\right) = \langle x, A^T y \rangle.$$

Lösung 11.8 Die Determinanten sind gegeben durch:

a) $\det(A) = -2$

b) $\det(B) = -1$

c) $\det(C) = 2$

Für die Inverse gilt allgemein:

$$D^{-1} = \frac{1}{\det D} \begin{pmatrix} d_{22} & -d_{12} \\ -d_{21} & d_{11} \end{pmatrix},$$

d. h. die Inversen existieren alle, da die Determinanten für alle angegebenen Matrizen ungleich Null sind. Die Inversen sind gegeben durch:

$$A^{-1} = \begin{pmatrix} -2 & 1 \\ 3/2 & -1/2 \end{pmatrix}, B^{-1} = \begin{pmatrix} 0 & 1 \\ 1 & 0 \end{pmatrix}, C^{-1} = \begin{pmatrix} 1/2 & -1/2 \\ 1/2 & 1/2 \end{pmatrix}.$$

Lösung 11.9 $\det(A) = ad - bc = -\det(B)$

Lösung 11.10 Um die gesuchten Determinanten zu berechnen, ist es hilfreich, bei Matrix A und B zuerst Zeile 2 (Matrix A) bzw. Zeile 3 (Matrix B) mit der ersten Zeile vertauschen und dann nach Zeile 1 zu entwickeln:

a)

$$\det \begin{pmatrix} 1 & -3 & 2 & 4 \\ 0 & 0 & 1 & 0 \\ 3 & 2 & 1 & 1 \\ 1 & 0 & 0 & 2 \end{pmatrix} = -\det \begin{pmatrix} 0 & 0 & 1 & 0 \\ 1 & -3 & 2 & 4 \\ 3 & 2 & 1 & 1 \\ 1 & 0 & 0 & 2 \end{pmatrix}$$

$$= -\det \begin{pmatrix} 1 & -3 & 4 \\ 3 & 2 & 1 \\ 1 & 0 & 2 \end{pmatrix}$$

$$= -11$$

b)
$$\det\begin{pmatrix} 1 & 2 & 3 & 4 \\ 0 & 2 & -2 & 1 \\ 1 & 0 & 0 & 0 \\ 2 & 0 & 3 & 0 \end{pmatrix} = -\det\begin{pmatrix} 1 & 0 & 0 & 0 \\ 0 & 2 & -2 & 1 \\ 1 & 2 & 3 & 4 \\ 2 & 0 & 3 & 0 \end{pmatrix}$$
$$= -\det\begin{pmatrix} 2 & -2 & 1 \\ 2 & 3 & 4 \\ 0 & 3 & 0 \end{pmatrix}$$
$$= 18$$

c) Für die Matrix C gilt, dass Zeile 1 und 4 linear abhängig sind. Daher folgt $\det(C) = 0$.

Lösung 11.11 Nach der Cramerschen Regel gilt: $x_i = \frac{\det(A_i)}{\det(A)}$, wobei man für A_i bei der Matrix A die i-te Spalte durch die rechte Seite des Gleichungssystems b ersetzt. Es gilt:

$$\det(A) = -4 \quad \text{und} \quad \det(A_2) = -12, \quad \text{also} \quad x_2 = 3.$$

Lösung 11.12

a) Die Determinante der Matrix A ist $-2 \neq 0$. Die Matrix A hat also vollen Rang.

b) Die Determinante der Matrix B ist $-3 \neq 0$. Auch die Matrix B hat also vollen Rang.

c) Im Fall von Matrix C gilt, dass die Spalten 1 und 2 linear abhängig sind. Daher ist die Determinante von Matrix C Null und folglich kann C keinen vollen Rang haben.

12
Weiterführende Themen

Aufgaben

Aufgabe 12.1 Wann heißt eine symmetrische $p \times p$-Matrix A positiv definit, wann ist sie negativ definit und wann ist sie indefinit?

Aufgabe 12.2 Definieren Sie Eigenwert und Eigenvektor einer $p \times p$-Matrix A.

Aufgabe 12.3 Sei A eine $n \times n$–Matrix. Unter einem *Minor k-ter Ordnung* versteht man die Determinante einer $k \times k$–Untermatrix von A. Wenn genau dieselben Zeilen wie Spalten gestrichen wurden, spricht man von einem *Hauptminor k-ter Ordnung*. Und wenn genau die ersten k Zeilen und Spalten übrigbleiben, so spricht man von einem *führenden Hauptminor k-ter Ordnung*.

a) Geben Sie alle Minoren folgender Matrix an und kennzeichnen Sie die entsprechenden (führenden) Hauptminoren.

$$A = \begin{pmatrix} 1 & 2 & 0 \\ 9 & 1 & 0 \\ 0 & 2 & 1 \end{pmatrix}$$

b) Wie viele Minoren, Hauptminoren, führende Hauptminoren hat eine 3×3–Matrix?

*c) Wie viele Minoren, Hauptminoren, führende Hauptminoren hat eine $n \times n$–Matrix?

Aufgabe 12.4 Erläutern Sie folgende Aussage:

Man kann im Hurwitz–Kriterium nicht einfach > durch ≥ ersetzen und dann auf positiv semidefinit schließen.

Verwenden Sie dazu das Beispiel

$$A = \begin{pmatrix} 0 & 0 \\ 0 & -1 \end{pmatrix}.$$

Aufgabe 12.5 Überprüfen Sie die folgenden Matrizen auf (Semi–) Definitheit:

a) $A = \begin{pmatrix} 1 & 2 \\ 0 & 1 \end{pmatrix}$

b) $B = \begin{pmatrix} 1 & 2 \\ 2 & 4 \end{pmatrix}$

c) $C = \begin{pmatrix} 4 & 0 & 0 \\ 2 & 4 & -4 \\ 4 & 2 & 0 \end{pmatrix}$

Aufgabe 12.6 Bestimmen Sie die (unter Umständen komplexen) Eigenwerte folgender Matrizen und geben Sie die zugehörigen Eigenvektoren an:

a) $A = \begin{pmatrix} 1 & 2 \\ 2 & 4 \end{pmatrix}$

b) $B = \begin{pmatrix} 0 & 1 \\ -2 & 0 \end{pmatrix}$

c) $C = \begin{pmatrix} 0 & 0 & 0 \\ 0 & -1 & 2 \\ 2 & 0 & 0 \end{pmatrix}$

In welchen Fällen gibt es eine Basis aus Eigenvektoren? Diagonalisieren Sie in diesen Fällen die entsprechende Matrix.

Aufgabe 12.7 Symmetrische Matrizen sind genau dann negativ definit, wenn alle Eigenwerte negativ sind. Zeigen Sie anhand eines Beispiels der Form

$$A = \begin{pmatrix} -1 & b \\ c & -1 \end{pmatrix},$$

dass dies im Allgemeinen für nichtsymmetrische Matrizen nicht gilt.

Lösungen

Lösung 12.1 Sei A eine symmetrische $p \times p$-Matrix. A ist positiv definit, wenn für alle $x \neq 0$ gilt

$$Q_A(x) = \langle x, Ax \rangle = \sum_{i=1}^{n} \sum_{j=1}^{n} a_{ij} x_i x_j > 0\,.$$

A heißt negativ definit, wenn $-A$ positiv definit ist und A ist indefinit, wenn es sowohl x mit $Q_A(x) > 0$ als auch y mit $Q_A(y) < 0$ gibt.

Lösung 12.2 Sei A eine $p \times p$-Matrix. Eine Zahl $\lambda \in \mathbb{R}$ heißt Eigenwert von A, wenn es einen Vektor $x \in \mathbb{R}^p$, $x \neq 0$, gibt, so dass gilt:

$$Ax = \lambda x.$$

In diesem Fall heißt der Vektor x Eigenvektor von A zum Eigenwert λ.

Lösung 12.3

a) Die Minoren 1. Ordnung sind gegeben durch:

$$1,\ 2,\ 0,\ 9,\ 1,\ 0,\ 0,\ 2,\ 1.$$

Die Minoren 2. Ordnung sind gegeben durch:

$$m_{1,1} = \det \begin{pmatrix} 1 & 0 \\ 2 & 1 \end{pmatrix} = 1,$$

$$m_{2,1} = \det \begin{pmatrix} 2 & 0 \\ 2 & 1 \end{pmatrix} = 2,$$

$$m_{3,1} = \det \begin{pmatrix} 2 & 0 \\ 1 & 0 \end{pmatrix} = 0,$$

$$m_{1,2} = \det \begin{pmatrix} 9 & 0 \\ 0 & 1 \end{pmatrix} = 9,$$

$$m_{1,3} = \det \begin{pmatrix} 9 & 1 \\ 0 & 2 \end{pmatrix} = 18,$$

$$m_{2,2} = \det \begin{pmatrix} 1 & 0 \\ 0 & 1 \end{pmatrix} = 1,$$

104   12 Weiterführende Themen

$$m_{3,3} = \det\begin{pmatrix} 1 & 2 \\ 9 & 1 \end{pmatrix} = -17,$$

$$m_{2,3} = \det\begin{pmatrix} 1 & 2 \\ 0 & 2 \end{pmatrix} = 2,$$

$$m_{3,2} = \det\begin{pmatrix} 1 & 0 \\ 9 & 0 \end{pmatrix} = 0.$$

Die Minoren 3. Ordnung sind gegeben durch:

$$m_3 = \det\begin{pmatrix} 1 & 2 & 0 \\ 9 & 1 & 0 \\ 0 & 2 & 1 \end{pmatrix} = -17.$$

Führende Hauptminoren sind: $m_3, m_{3,3}$ und 1.

b) Es gibt drei führende Hauptminoren, drei Hauptminoren 1. Ordnung, drei Hauptminoren 2. Ordnung und einen Hauptminor 3. Ordnung.
Es gibt neun Minoren 1. Ordnung, neun Minoren 2. Ordnung und einen Minor 3. Ordnung.

*c) Im allgemeinen Fall einer $n \times n$–Matrix gilt, dass es n führende Hauptminoren, $\binom{n}{k}$ Hauptminoren k-ter Ordnung gibt. Insgesamt gibt es also

$$\sum_{k=1}^{n} \binom{n}{k} = 2^n - 1$$

Hauptminoren. Um die Anzahl der Minoren k-ter Ordnung zu bestimmen, wählen Sie $n-k$ Zeilen und Spalten aus, dies ist jeweils auf $\binom{n}{k}$ verschiedene Arten möglich. Insgesamt erhält man also

$$\binom{n}{k}^2$$

Minoren k-ter Ordnung.

Lösung 12.4 Um die positive Semidefinitheit einer Matrix zu zeigen, ist es ausreichend zu zeigen, dass alle Unterminoren nicht-negativ sind. Für das Hurwitz–Kriterium braucht man dies nicht, weil es sich aus den Hauptminoren ergibt. Das entsprechende Argument gilt aber nicht mehr, wenn Determinanten Null werden dürfen. Das heißt, für die positive Definitheit kann man sich auf die führenden Hauptminoren beschränken. Für Semidefinitheit muss man sich alle Hauptminoren anschauen. Im Beispiel sind alle führenden Hauptminoren 0. Man könnte also glauben, dass A positiv semidefinit ist. Dies ist aber nicht der Fall, da $e_2^T A e_2 = -1 < 0$. Man muss eben auch den Hauptminor erster Ordnung unten rechts anschauen und der ist -1.

Lösung 12.5

a) Zur Untersuchung der Matrix A nach dem Hurwitz–Kriterium berechnet man alle führenden Hauptminoren: $\det(A) = 1 > 0$, $\det(1) = 1 > 0$. Also ist A positiv definit.

b) Um das Hurwitz–Kriterium zu prüfen, schaut man sich zuerst die Determinante der Matrix B an: $\det(B) = 0$. Da zusätzlich der führende Hauptminor erster Ordnung der Matrix B größer als Null ist ($1 \geq 0$) und auch $4 \geq 0$, ist B positiv semidefinit.

c) Ähnlich wie für die Matrix A berechnet man alle führenden Hauptminoren:
$$m_3 = \det(C) = 32 > 0, m_2 = 16 > 0, m_1 = 4 > 0.$$

Da alle führenden Hauptminoren strikt größer als 0 sind, ist C positiv definit.

Lösung 12.6
Für eine 2×2–Matrix der Form
$$A = \begin{pmatrix} a & b \\ c & d \end{pmatrix}$$
mit $a, b, c, d \in \mathbb{R}$, ist das charakteristische Polynom durch folgenden Ausdruck gegeben:
$$c_A(\lambda) = \det \begin{pmatrix} a - \lambda & b \\ c & d - \lambda \end{pmatrix} = \lambda^2 - (a + d)\lambda + ad - bc.$$

Die (komplexen) Nullstellen dieser quadratischen Gleichung sind
$$\lambda_{1,2} = \frac{a+d}{2} \pm \sqrt{\frac{(a+d)^2}{4} - ad + bc}.$$

a) Die Matrix A hat daher die Eigenwerte 0 und 5. Für den Eigenwert 0 suche man $x \neq 0$ mit $Ax = 0$, also

$$x_1 + 2x_2 = 0$$
$$2x_1 + 4x_2 = 0.$$

Dies führt immer auf zwei linear abhängige Gleichungen mit einem Freiheitsgrad. Lösungen erfüllen hier $x_1 = -2x_2$, also etwa

$$x = \begin{pmatrix} -2 \\ 1 \end{pmatrix}.$$

Für den Eigenwert 5 erhält man

$$x = \begin{pmatrix} 1 \\ 2 \end{pmatrix}.$$

Die Diagonalisierung erreicht man, indem man die Matrix der Eigenvektoren bildet,

$$X = \begin{pmatrix} -2 & 1 \\ 1 & 2 \end{pmatrix}$$

und

$$X^{-1}AX = \begin{pmatrix} 0 & 0 \\ 0 & 5 \end{pmatrix}$$

ausrechnet. Die Matrix, die man erhält, hat dann die Eigenwerte auf der Diagonalen.

b) Die Matrix B hat die Eigenwerte $\sqrt{2}i$ und $-\sqrt{2}i$ mit Eigenvektoren

$$\begin{pmatrix} 1 \\ \sqrt{2}i \end{pmatrix} \quad und \quad \begin{pmatrix} 1 \\ -\sqrt{2}i \end{pmatrix}.$$

c) Das charakteristische Polynom der Matrix C lautet

$$c_C(\lambda) = -(1+\lambda)\lambda^2 .$$

Folglich ergeben sich als Eigenwerte: $\lambda_1 = -1$ und $\lambda_{2,3} = 0$ (zweifach). Für den Eigenwert -1 führt der Ansatz $Ax = -x$ auf

$$0 = -x_1$$
$$-x_2 + 2x_3 = -x_2$$
$$2x_1 = -x_3,$$

was sich durch Wahl von $x_1 = x_3 = 0$ und beliebigem x_2 lösen lässt.

Der Ansatz $Ax = 0$ führt auf

$$0 = 0$$
$$-x_2 + 2x_3 = 0$$
$$2x_1 = 0$$

und damit auf $x_1 = 0$, $x_2 = 2x_3$. Alle Eigenvektoren sind also Vielfache des Vektors

$$\begin{pmatrix} 0 \\ 2 \\ 1 \end{pmatrix}.$$

Damit gibt es keine Basis aus Eigenvektoren, denn dafür hätte man zwei linear unabhängige Eigenvektoren für 0 gebraucht.

Lösung 12.7 Die symmetrisierte Matrix

$$\tilde{A} = \begin{pmatrix} -1 & \frac{b+c}{2} \\ \frac{b+c}{2} & -1 \end{pmatrix}$$

hat die Determinante

$$\det(\tilde{A}) = 1 - \frac{(b+c)^2}{4}.$$

Abhängig von der Wahl von b und c kann $\det(\tilde{A})$ also negativ sein. Dann ist die Matrix nicht negativ definit. Die Eigenwerte sind gegeben durch $\lambda_1 = -1 + \sqrt{bc}$ und $\lambda_2 = -1 - \sqrt{bc}$; diese können also durchaus negativ sein.

Teil IV

Analysis II

13
Topologie

Aufgaben

Aufgabe 13.1 Sei K eine Teilmenge von V. Definieren Sie, wann K kompakt ist.

Aufgabe 13.2 Verwendet man die Betragsfunktion $|x|$ als Norm, so wird aus der Menge der reellen Zahlen $\mathbb{R}$ ein normierter Vektorraum. Geben Sie für $(\mathbb{R}, |\cdot|)$ eine Definition der offenen Kugeln an.

Aufgabe 13.3 Zeigen Sie, dass, wenn man den $\mathbb{R}^2$ mit der Maximumsnorm
$$\|x\|_{\max} = \max\{|x_1|, |x_2|\}$$
versieht, die offenen Kugeln mit Radius $r > 0$ um 0 die folgende Form haben:
$$K_r = \{x \mid |x_1| < r \text{ und } |x_2| < r\}.$$
Zeigen Sie weiterhin, dass diese Kugeln auch offen bezüglich der euklidischen Norm
$$\|x\|_2 = \sqrt{x_1^2 + x_2^2}$$
sind.

Aufgabe 13.4 Untersuchen Sie die folgenden Mengen. Welche sind offen, abgeschlossen, beschränkt bzw. kompakt?

a) $A = \{x \in \mathbb{R}^2 \mid |x_1| \leq 2, x_2 \geq 0\}$

b) $B = \{x \in \mathbb{R}^2 \mid x_1 + x_2 \geq 0\}$

c) $C = \{x \in \mathbb{R}^2 \mid x_1, x_2 \geq 0\} \cap B$

d) $D = C \cup K$

e) $E = D \cup A$

f) $F = \left\{ x \in \mathbb{R}^p \mid \left\langle \begin{pmatrix} 2 \\ 1 \end{pmatrix}, \begin{pmatrix} x_1 \\ x_2 \end{pmatrix} \right\rangle \leq 10 \right\}$

g) $K = \{ x \in \mathbb{R}^p \mid \|x\| \leq 10 \}$

[Tipp: Es hilft, die zweidimensionalen Mengen grafisch darzustellen.]

Aufgabe 13.5 Zeigen Sie, dass eine Funktion der Form

$$f : \mathbb{R} \longrightarrow \mathbb{R}^p$$

$$x \longmapsto \begin{pmatrix} f_1(x) \\ f_2(x) \\ \vdots \\ f_p(x) \end{pmatrix}$$

genau dann stetig ist, wenn jede ihrer Komponentenfunktionen $f_i : \mathbb{R} \to \mathbb{R}$ stetig ist.

Aufgabe 13.6 Der p-dimensionale Simplex ist gegeben durch

$$\Delta^p = \left\{ x \in \mathbb{R}^p \mid \sum_{i=1}^{p} x_i = 1, x_i \geq 0, i = 1, \ldots, p \right\}.$$

a) Zeigen Sie, dass Δ^p kompakt ist.

b) In der Spieltheorie maximiert ein Spieler oft eine Zielfunktion der Gestalt $x \mapsto \langle x, Ay \rangle$, wobei A eine $p \times p$–Matrix ist und $x, y \in \Delta^p$. Zeigen Sie, dass dieses Problem (bei gegebenem y) eine Lösung hat.

c) In dem Spiel „Elfmeter" entscheiden sich zwei Spieler (–dinho und Lman) gleichzeitig für eine Seite. Wenn beide dieselbe Seite wählen, gewinnt Lman einen Pokal, ansonsten –dinho. Das Spiel wird durch die folgende Matrix beschrieben

$$A = \begin{pmatrix} 1 & -1 \\ -1 & 1 \end{pmatrix}.$$

i) Bestimmen Sie die Funktion $\langle x, Ay \rangle$ für die Vektoren

$$x = \begin{pmatrix} x_1 \\ 1 - x_1 \end{pmatrix} \quad und \quad y = \begin{pmatrix} y_1 \\ 1 - y_1 \end{pmatrix}.$$

ii) Wenn –dinho mit Wahrscheinlichkeit $y_1 = 1$ (bzw. $y_1 = 3/4, y_1 = 1/4, y_1 = 1/2$) rechts und mit Wahrscheinlichkeit $y_2 = 1 - y_1$ links wählt, was tut Lman dann am besten?

iii) Zeigen Sie, dass gilt:

$$\max_{0 \leq x_1 \leq 1} \min_{0 \leq y_1 \leq 1} \langle x, Ay \rangle = 0.$$

Lösungen

Lösung 13.1 Sei K eine Teilmenge von V. K ist kompakt, wenn jede Folge (x_n) in K Häufungspunkte in K hat, das heißt, es gibt eine Teilfolge (x_{n_k}) und einen Punkt $x \in K$ mit $\lim_{k\to\infty} x_{n_k} = x$.

Lösung 13.2
Die offenen Kugeln in $\mathbb{R}, |\cdot|$ sind gegeben durch:
$$B_r(x) = \{y \in \mathbb{R} \mid |y - x| < r\}.$$
Also handelt es sich um die offenen Intervalle
$$(x - r, x + r).$$

Lösung 13.3 Bezüglich der Maximumsnorm sind die offenen Kugeln $B_r(0)$ gegeben durch das offene Quadrat $(-r, r) \times (-r, r)$. Dies sieht man wie folgt: Wenn $\|x\| < r$ ist, so ist $|x_1| < r$, also $x_1 \in (-r, r)$, und dasselbe gilt für x_2.

Um nun zu zeigen, dass das Quadrat auch offen bezüglich der euklidischen Norm ist, wählt man einen beliebigen Punkt $x \in (-r, r) \times (-r, r)$. Man muss zeigen, dass es einen Radius $\varepsilon > 0$ gibt, so dass die euklidische Kugel (also hier der richtige Kreis) mit Radius ε um y ganz in $(-r, r) \times (-r, r)$ liegt. Formal geht man folgendermaßen vor: Man wähle ε als $\varepsilon = \min\{r - |x_1|, r - |x_2|\}$. Beachten Sie, dass $\varepsilon > 0$ ist, da y in dem Quadrat liegt. Sei nun $z \in B_\varepsilon(x)$, also $\|z - x\|_2 < \varepsilon$. Dann gilt
$$(z_1 - x_1)^2 + (z_2 - x_2)^2 < \varepsilon^2,$$
also auch
$$(z_1 - x_1)^2 \leq (z_1 - x_1)^2 + (z_2 - x_2)^2 < \varepsilon^2$$
und damit
$$|z_1 - x_1| < \varepsilon \leq r - |x_1|.$$
Mit Hilfe der Dreiecksungleichung ergibt sich somit:
$$|z_1| = |z_1 - x_1 + x_1| \leq |z_1 - x_1| + |x_1| < r - |x_1| + |x_1| = r.$$
Analog zeigt man dasselbe für z_2. Also gilt $\|z\|_{\max} < r$. Damit liegt die gesamte Kugel B_ε in dem Quadrat B_r.
[Bemerkung: Diese Aufgabe ist ein Beispiel für folgenden allgemeinen Sachverhalt: Alle Normen im $\mathbb{R}^n$ erzeugen dieselben offenen Mengen.]

Lösung 13.4

a) Die Menge $A = \{x \in \mathbb{R}^2 \mid |x_1| \leq 2, x_2 \geq 0\}$ ist abgeschlossen, nicht beschränkt und daher nicht kompakt.

b) Die Menge $B = \{x \in \mathbb{R}^2 \mid x_1 + x_2 \geq 0\}$ ist abgeschlossen, nicht beschränkt und daher nicht kompakt.

c) Die Menge $C = \{x \in \mathbb{R}^2 \mid x_1, x_2 \geq 0\} \cap B = \{x \in \mathbb{R}^2 \mid x_1, x_2 \geq 0\}$ ist abgeschlossen, nicht beschränkt und daher nicht kompakt.

d) Die Menge $D = C \cup K$ ist abgeschlossen, nicht beschränkt und daher nicht kompakt.

e) Die Menge $E = D \cup A$ ist abgeschlossen, nicht beschränkt und daher nicht kompakt.

f) Die Menge $F = \left\{x \in \mathbb{R}^p \mid \left\langle \begin{pmatrix} 2 \\ 1 \end{pmatrix}, \begin{pmatrix} x_1 \\ x_2 \end{pmatrix} \right\rangle \leq 10 \right\}$ ist abgeschlossen, nicht beschränkt und daher nicht kompakt.

g) Die Menge $K = \{x \in \mathbb{R}^p \mid \|x\| \leq 10\}$ ist abgeschlossen und beschränkt und daher nach dem Satz von Heine-Borel kompakt.

Lösung 13.5 Verwenden Sie die Definition von Stetigkeit in Kombination mit der Tatsache, dass eine Folge im $\mathbb{R}^p$ genau dann konvergiert, wenn die Komponentenfolgen konvergieren. Die Behauptung folgt dann unmittelbar.

Lösung 13.6

a) Die Menge Δ^p ist beschränkt und abgeschlossen und daher nach dem Satz von Heine-Borel kompakt.

b) Das Skalarprodukt ist eine stetige Funktion auf kompaktem Definitionsbereich Δ^p. Nach dem Satz von Weierstraß über Maxima stetiger Funktionen nimmt jede stetige Funktion auf einem Kompaktum ihr Maximum und Minimum an.

c) i) Es gilt:
$$\langle x, Ay\rangle = \left\langle \begin{pmatrix} x_1 \\ 1-x_1 \end{pmatrix}, \begin{pmatrix} 2y_1-1 \\ -2y_1+1 \end{pmatrix} \right\rangle$$
$$= x_1(2y_1-1) + (1-x_1)(-2y_1+1)$$
$$= 4x_1y_1 - 2x_1 - 2y_1 + 1$$

ii) $y_1 = 1$: $\max_{x_1}\langle x, Ay\rangle = \max_{x_1}(2x_1 - 1) \Rightarrow x_1^* = 1$. Lman wählt also auch rechts mit Wahrscheinlichkeit 1.

$y_1 = 3/4$: $\max_{x_1}\langle x, Ay\rangle = \max_{x_1}(x_1 - 1/2) \Rightarrow x_1^* = 1$. Lman wählt also rechts mit Wahrscheinlichkeit 1.

$y_1 = 1/4$: $\max_{x_1}\langle x, Ay\rangle = \max_{x_1}(-x_1 + 1/2) \Rightarrow x_1^* = 0$. Lman wählt also links mit Wahrscheinlichkeit 1.

$y_1 = 1/2$: $\langle x, Ay\rangle = 0$ Lman wählt also mit irgendeiner Wahrscheinlichkeit rechts.

iii) Zunächst gilt: $\min_{y_1}\langle x, Ay\rangle = \min_{y_1}(4x_1y_1 - 2x_1 - 2y_1 + 1)$. Damit ergibt sich für y_1^*:
$$y_1^* = \begin{cases} 1, \text{ falls } x_1 \leq 1/2 \\ 0, \text{ falls } x_1 > 1/2 \end{cases}.$$

Somit folgt $\max_{x_1}\min_{y_1}\langle x, Ay\rangle = \max_{x_1}(4x_1 y_1^*(x_1) - 2x_1 - 2y_1^*(x_1) + 1)$
Für x_1^* erhält man dann: $x_1^* = 1/2$. Also gilt:
$$\max_{x_1}\min_{y_1}\langle x, Ay\rangle = 4x_1^* y_1^*(x_1^*) - 2x_1^* - 2y_1^*(x_1^*) + 1$$
$$= 2y_1^*(x_1^*) - 2y_1^*(x_1^*) = 0.$$

14

Differentialrechnung im $\mathbb{R}^p$

Aufgaben

Aufgabe 14.1 Bestimmen Sie für die Abbildung
$$s(x,y) = \begin{pmatrix} x^2 - y^2 \\ xy - y^2 \end{pmatrix}$$
die Jacobimatrix im Punkt $(1,1)$.

Aufgabe 14.2 Bestimmen Sie für die folgenden Funktionen die partiellen Ableitungen in allen Variablen:

a) $f_1(x_1, x_2) = x_1^2 - x_2^2$

b) $f_2(x_1, x_2, x_3) = x_1 x_2^3 x_3^4$

c) $f_3(x,y) = (x^2 + y^2)^{\frac{1}{2}}$

d) $f_4(s,t) = e^s \log(t)$

e) $f_5(x_0, \ldots, x_T) = \sum_{s=0}^{T} \delta^s \log(x_s)$

Aufgabe 14.3 Gegeben sei folgende Funktion $f : \mathbb{R}^2 \to \mathbb{R}$:
$$f(x,y) = \begin{cases} xy \frac{x^2 - y^2}{x^2 + y^2} & \text{falls } x, y \neq 0 \\ 0 & \text{in } (0,0) \end{cases}.$$
Zeigen Sie, dass gilt:
$$\frac{\partial f}{\partial x}(0,y) = -y \quad \text{sowie} \quad \frac{\partial f}{\partial y}(x,0) = x.$$

Folgern Sie daraus, dass gilt:
$$\frac{\partial^2 f}{\partial y \partial x}(0,0) = -1 \neq 1 = \frac{\partial^2 f}{\partial x \partial y}(0,0).$$

Es gilt also zu zeigen, dass für die Funktion f die Reihenfolge der Differentiation von Bedeutung ist.

Aufgabe 14.4 Bestimmen Sie für folgende Funktionen die Richtungsableitungen in Richtung $v = \frac{1}{5}\begin{pmatrix} 3 \\ 4 \end{pmatrix}$:

a) $f_1(x_1, x_2) = x_1 x_2$

b) $f_2(x_1, x_2) = \log(x_1 + x_2)$

c) $f_3(x_1, x_2) = \sqrt{x_1^2 + x_2^2}$

Aufgabe 14.5 Bestimmen Sie für die nachfolgenden in der Volkswirtschaftslehre gebräuchlichen Funktionen jeweils die sogenannte *Grenzrate der Substitution*
$$GRS_{i,j} = \frac{\frac{\partial f}{\partial x_i}}{\frac{\partial f}{\partial x_j}}.$$

a) Cobb–Douglas Funktion: Für Parameter $\alpha_1, \ldots, \alpha_n > 0$:
$$f(x_1, \ldots, x_n) = x_1^{\alpha_1} \cdots x_n^{\alpha_n}.$$

b) Constant Elasticity of Substitution Funktion (CES): Für einen Parameter $\rho > 0$
$$f(x_1, x_2) = (x_1^\rho + x_2^\rho)^{\frac{1}{\rho}}.$$

c) Quasilineare Funktionen: $f(m, x) = m + v(x)$ für eine differenzierbare Funktion $v : \mathbb{R} \to \mathbb{R}$.

d) Erwartungsnutzenfunktion: Für gewisse Wahrscheinlichkeiten $p_s > 0$ mit $\sum_{s=1}^S p_s = 1$
$$f(x_1, x_2, \ldots, x_S) = \sum_{s=1}^S p_s v(x_s),$$

wobei $v : \mathbb{R} \to \mathbb{R}$ differenzierbar ist.

Aufgabe 14.6 Betrachten Sie die Funktion

$$f : \mathbb{R}^2 \to \mathbb{R}$$
$$(x, y) \mapsto \begin{cases} \frac{xy}{x^2+y^2} & \text{falls } (x, y) \neq (0, 0) \\ 0 & \text{sonst} \end{cases}.$$

a) Zeigen Sie, dass f in $(0, 0)$ sowohl in x als auch in y partiell differenzierbar ist.

b) Zeigen Sie, dass f in $(0, 0)$ nicht stetig ist.

*c) Zeigen Sie, dass f im Punkt $(0, 0)$ nicht differenzierbar ist.

Aufgabe 14.7 Betrachten Sie die im Vergleich zu Aufgabe 14.6 etwas abgeänderte Funktion

$$f : \mathbb{R}^2 \to \mathbb{R}$$
$$(x, y) \mapsto \begin{cases} \frac{xy^2}{x^2+y^2} & \text{falls } (x, y) \neq (0, 0) \\ 0 & \text{sonst} \end{cases}.$$

a) Zeigen Sie, dass f in $(0, 0)$ sowohl in x als auch in y partiell differenzierbar ist.

b) Zeigen Sie, dass f in $(0, 0)$ stetig ist.

*c) Zeigen Sie, dass f in $(0, 0)$ nicht differenzierbar ist.

Aufgabe 14.8 Bestimmen Sie für die folgenden Funktionen $f(x, y)$ die Tangentialebene im Punkt $(2, 1)$:

a) $f_1(x, y) = xy$

b) $f_2(x, y) = x^2 - y^2 + xy$

c) $f_3(x, y) = x^3 y$

Vergleichen Sie die Werte der Funktion und der Tangentialebene im Punkt $(1.9, 1.1)$.

120   14 Differentialrechnung im $\mathbb{R}^p$

Aufgabe 14.9 Beweisen Sie mit Hilfe der Kettenregel folgende Verallgemeinerung des Mittelwertsatzes: Sei $f : \mathbb{R}^p \to \mathbb{R}$ eine differenzierbare Funktion und $x, y \in \mathbb{R}^p$. Dann gibt es eine Zahl $t \in (0,1)$ mit

$$f(x) - f(y) = Df(tx + (1-t)y)(x - y).$$

[Hinweis: Wenden Sie die Kettenregel auf die Funktion $t \mapsto f(tx + (1-t)y)$ an.]

Aufgabe 14.10 Berechnen Sie für folgende Funktionen $f(x, y)$ und $g(t)$ die Ableitung von $h = f(g(t))$ sowohl direkt als auch mit Hilfe der Kettenregel:

a) $f(x, y) = x^2 + y^2$, $g(t) = (t, t^2)$

b) $f(x, y) = x/y$, $g(t) = (t, 1-t)$

c) $f(x, y) = \sqrt{xy}$, $g(t) = (e^t, e^{-t})$

Aufgabe 14.11 Eine Firma produziert aus den „inputs" Kapital (K) und Arbeit (A) einen „output"

$$f(A, K) = \left(K^{0,1} + A^{0,7}\right)^{0,3}.$$

a) Definieren Sie den Begriff der Isoquanten analog zum Begriff der Indifferenzkurve.

b) Bestimmen Sie die Steigung der Isoquanten zum Niveau $1, 2$ an der Stelle $A = 0, 5$.

Aufgabe 14.12 Sie laufen durch ein Gebirge, dessen Höhe durch die Funktion
$$f(x, y) = x^2 y^2 - x^3 y^4$$
beschrieben ist. Sie wollen am Hang entlang laufen, ohne an Höhe zu verlieren oder zu gewinnen. In welche Richtung müssen Sie laufen, wenn Sie im Punkt $(1, 2)$ (bzw. $(3, 3)$) stehen?

Lösungen

Lösung 14.1
Die Jacobimatrix ist gegeben durch:
$$Ds(x,y) = \begin{pmatrix} \frac{\partial(x^2-y^2)}{\partial x} & \frac{\partial(x^2-y^2)}{\partial y} \\ \frac{\partial(xy-y^2)}{\partial x} & \frac{\partial(xy-y^2)}{\partial y} \end{pmatrix} = \begin{pmatrix} 2x & -2y \\ y & x-2y \end{pmatrix}.$$

Ausgewertet am Punkt $(1,1)$ erhält man:
$$Ds(x,y) = \begin{pmatrix} 2 & -2 \\ 1 & -1 \end{pmatrix}.$$

Lösung 14.2

a) $\frac{\partial f_1}{\partial x_1} = \frac{\partial(x_1^2 - x_2^2)}{\partial x_1} = 2x_1,$

$\frac{\partial f_1}{\partial x_2} = \frac{\partial(x_1^2 - x_2^2)}{\partial x_2} = -2x_2$

b) $\frac{\partial f_2}{\partial x_1} = \frac{\partial(x_1 x_2^3 x_3^4)}{\partial x_1} = x_2^3 x_3^4,$

$\frac{\partial f_2}{\partial x_2} = \frac{\partial(x_1 x_2^3 x_3^4)}{\partial x_2} = 3x_1 x_2^2 x_3^4,$

$\frac{\partial f_2}{\partial x_3} = \frac{\partial(x_1 x_2^3 x_3^4)}{\partial x_3} = 4x_1 x_2^3 x_3^3$

c) $\frac{\partial f_3}{\partial x} = \frac{\partial\left(\sqrt{x^2+y^2}\right)}{\partial x} = \frac{x}{\sqrt{x^2+y^2}},$

$\frac{\partial f_3}{\partial y} = \frac{\partial\left(\sqrt{x^2+y^2}\right)}{\partial y} = \frac{y}{\sqrt{x^2+y^2}}$

d) $\frac{\partial f_4}{\partial s} = \frac{\partial(e^s \log(t))}{\partial s} = e^s \log(t),$

$\frac{\partial f_4}{\partial t} = \frac{\partial(e^s \log(t))}{\partial t} = \frac{e^s}{t}$

e) $\frac{\partial f_5}{\partial x_i} = \frac{\partial\left(\sum_{s=0}^T \delta^s \log(x_s)\right)}{\partial x_i} = \frac{\delta^i}{x_i}$ für $i = 0, \ldots, T$

Lösung 14.3 Die Reihenfolge der partiellen Ableitungen spielt keine Rolle, wenn die partiellen Ableitungen stetig sind. In diesem Beispiel sind die partiellen Ableitungen allerdings nicht stetig. Zunächst einmal gilt:
$$\frac{\partial f}{\partial x}(x,y) = \frac{y(x^2-y^2)}{x^2+y^2} + \frac{2x^2 y}{x^2+y^2} - \frac{2x^2 y(x^2-y^2)}{(x^2+y^2)^2}.$$

Wenn man $x = 0$ einsetzt, erhält man also:
$$\frac{\partial f}{\partial x}(0, y) = -y.$$

Genauso ergibt sich für die Ableitung nach y
$$\frac{\partial f}{\partial y}(x, y) = \frac{x(x^2 - y^2)}{x^2 + y^2} - \frac{2xy^2}{x^2 + y^2} - \frac{2xy^2(x^2 - y^2)}{(x^2 + y^2)^2}$$

und somit
$$\frac{\partial f}{\partial x}(x, 0) = x.$$

Nochmaliges Ableiten ergibt das Ergebnis.

Nun kann man sich fragen, warum hier der Satz von Schwartz (dass die Reihenfolge der Differentiation egal ist) nicht gilt. Das ist der Fall, da die Funktion

$$\frac{\partial^2 f}{\partial x \partial y}(x, y) = \frac{x^2 - y^2}{x^2 + y^2} + \frac{2 x^2}{x^2 + y^2} - \frac{2 x^2 (x^2 - y^2)}{(x^2 + y^2)^2} - \frac{2 y^2}{x^2 + y^2}$$
$$- \frac{2 y^2 (x^2 - y^2)}{(x^2 + y^2)^2} + \frac{8 x^2 y^2 (x^2 - y^2)}{(x^2 + y^2)^3}$$

nicht stetig im Punkt $(0,0)$ ist. Dies sieht man daran, dass der erste Term
$$t_1(x, y) = \frac{x^2 - y^2}{x^2 + y^2}$$

nicht stetig in $(0,0)$ ist (alle anderen Terme sind stetig). Es gilt nämlich
$$\lim_{n \to \infty} t_1(1/n, 1/n) = 0$$

und
$$\lim_{n \to \infty} t_1(0, 1/n) = -1.$$

Lösung 14.4

a) Man definiere zunächst:
$$g_v(\varepsilon) = f_1(x + \varepsilon v)$$
$$= \left(x_1 + \varepsilon \frac{3}{5}\right)\left(x_2 + \varepsilon \frac{4}{5}\right)$$
$$= x_1 x_2 + \varepsilon \left(x_1 \frac{4}{5} + x_2 \frac{3}{5}\right) + \varepsilon^2 \frac{12}{25}.$$

Dann gilt:
$$\frac{\partial f_1}{\partial v}(x_1, x_2) = g'_v(0) = \frac{1}{5}(4x_1 + 3x_2).$$

b) Man definiert zunächst:
$$g_v(\varepsilon) = f_2(x + \varepsilon v)$$
$$= \log(x_1 + \varepsilon \frac{3}{5} + x_2 + \varepsilon \frac{4}{5})$$
$$= \log(x_1 + x_2 + \frac{7}{5}\varepsilon).$$

Dann gilt:
$$\frac{\partial f_2}{\partial v}(x_1, x_2) = g'_v(0) = \frac{7}{5(x_1 + x_2)}.$$

c) Analog zu dem vorangegangenen Fall definiert man zunächst:
$$g_v(\varepsilon) = f_3(x + \varepsilon v)$$
$$= \sqrt{\left(x_1 + \varepsilon \frac{3}{5}\right)^2 + \left(x_2 + \varepsilon \frac{4}{5}\right)^2}$$
$$= \sqrt{x_1^2 + x_2^2 + \varepsilon \left(x_1 \frac{6}{5} + x_2 \frac{8}{5}\right) + \varepsilon^2}.$$

Dann gilt:
$$\frac{\partial f_3}{\partial v}(x_1, x_2) = g'_v(0) = \frac{3x_1 + 4x_2}{5\sqrt{x_1^2 + x_2^2}}.$$

Lösung 14.5

a) $\text{GRS}_{i,j} = \frac{\alpha_i x_j}{\alpha_j x_i}$, $i, j = 1, \ldots, n$

b) $\text{GRS}_{1,2} = \frac{x_1^{\rho-1}}{x_2^{\rho-1}}$, $\text{GRS}_{2,1} = \frac{x_2^{\rho-1}}{x_1^{\rho-1}}$

c) $\text{GRS}_{m,x} = \frac{1}{v'(x)}$, $\text{GRS}_{x,m} = \frac{v'(x)}{1}$

d) $\text{GRS}_{i,j} = \frac{p_i v'(x_i)}{p_j v'(x_j)}$, $i, j = 1, \ldots, S$

Lösung 14.6

a) Betrachten Sie den Differenzenquotienten in x an der Stelle $(0,0)$, also
$$\frac{f(x,0) - f(0,0)}{x}.$$
Dieser ist stets gleich 0. Also gilt auch
$$\lim_{x \to 0} \frac{f(x,0) - f(0,0)}{x} = 0.$$
Damit ist f nach x partiell differenzierbar. Für y geht der Beweis analog.

b) Die Funktion f ist allerdings nicht stetig in $(0,0)$. Um dies zu zeigen, wählt man etwa die Folge $(1/n, 1/n)$. Dann gilt $f(1/n, 1/n) = 1/2$. Aber $f(0,0) = 0$. Partielle Differenzierbarkeit garantiert also keine Stetigkeit.

Intuitiv lässt sich das Ergebnis in folgender Weise nachvollziehen: Man schaut nur entlang einer Richtung, der Achse. Entlang der Achse ist f natürlich stetig, aber über andere Richtungen weiß man nichts.

*c) Wenn f in $(0,0)$ differenzierbar wäre, so müsste gelten:
$$f(x,y) = f(0,0) + \left\langle \nabla f(0,0), \begin{pmatrix} x \\ y \end{pmatrix} \right\rangle + r(x,y) = r(x,y)$$
und $r(x,y)/\|(x,y)\| \to 0$ für $(x,y) \to 0$. Nun ist aber
$$\frac{r(x,x)}{\|(x,x)\|} = \frac{1}{2\sqrt{2}x}$$
und dieser Ausdruck konvergiert nicht gegen 0, wenn x gegen 0 konvergiert.

Lösung 14.7

a) Betrachten Sie den Differenzenquotienten in x an der Stelle $(0,0)$. Dieser ist gegeben durch
$$\frac{f(x,0) - f(0,0)}{x}.$$
Da der Differenzenquotient aufgrund der Eigenschaften von f konstant gleich 0 ist, ist auch der Grenzwert des Differenzenquotienten für $x \to 0$ gleich 0. Folglich ist f partiell nach x differenzierbar.

b) Wählen Sie eine Folge (x_n, y_n), die gegen $(0,0)$ konvergiert. Sei $\varepsilon > 0$. Man muss zeigen, dass für große n gilt: $|f(x_n, y_n)| < \varepsilon$. Hier hilft ein kleiner Trick: Es gilt $(x-y)^2 \geq 0$. Also ist $x^2 + y^2 \geq 2xy$. Damit folgt
$$\frac{xy}{x^2+y^2} \leq \frac{1}{2}.$$
Also gilt $|f(x,y)| \leq y/2$. Nun wählt man n_0 so, dass für $n \geq n_0$ gilt: $|y_n| < 2\varepsilon$.

*c) Die Jacobimatrix in $(0,0)$ ist die Nullmatrix. Wenn f also in $(0,0)$ differenzierbar wäre, so würde gelten:
$$\frac{f(x,y)}{\|(x,y)\|} \to 0.$$
Nun ist aber
$$\frac{f(x,y)}{\|(x,y)\|} = \frac{xy^2}{(x^2+y^2)^{\frac{3}{2}}}.$$
Insbesondere gilt: $f(x,x) = 2^{-3/2}$. Für $x \to 0$ konvergiert dieser Ausdruck aber nicht gegen 0. Also ist f in $(0,0)$ nicht differenzierbar.

Lösung 14.8 Für eine allgemeine Funktion $f : \mathbb{R}^2 \to \mathbb{R}$ ist die Tangentialebene in einem Punkt (x_0, y_0) gegeben durch
$$z = f(x_0, y_0) + \left\langle \nabla f(x_0, y_0), \begin{pmatrix} x - x_0 \\ y - y_0 \end{pmatrix} \right\rangle.$$
Unter Verwendung dieser allgemeinen Formel ergibt sich folglich für die Aufgabenteile a) bis c):

a) $z = 2 + \left\langle \begin{pmatrix} 1 \\ 2 \end{pmatrix}, \begin{pmatrix} x-2 \\ y-1 \end{pmatrix} \right\rangle = x + 2y - 2;$

$f(1.9, 1.1) = 1.9 \cdot 1.1 = 2.09;$

$z(1.9, 1.1) = 1.9 + 2.2 - 2 = 2.1$

b) $z = 5 + \left\langle \begin{pmatrix} 5 \\ 0 \end{pmatrix}, \begin{pmatrix} x-2 \\ y-1 \end{pmatrix} \right\rangle = 5x - 5;$

$f(1.9, 1.1) = (1.9)^2 - (1.1)^2 + 2.09 = 3.61 - 1.21 + 2.09 = 4.49;$

$z(1.9, 1.1) = 5 \cdot 1.9 - 5 = 4.5$

c) $z = 8 + \left\langle \begin{pmatrix} 12 \\ 8 \end{pmatrix}, \begin{pmatrix} x - 2 \\ y - 1 \end{pmatrix} \right\rangle = 12x + 8y - 24;$

$f(1.9, 1.1) = (1.9)^3 1.1 = 6.859 \cdot 1.1 = 7.5449;$

$z(1.9, 1.1) = 12 \cdot 1.9 + 8.8 - 24 = 7.6$

Die Aufgabe zeigt, dass man die Tangentialebene für stetige Funktionen auch als numerische lokale Approximation der eigentlichen Funktion nutzen kann. Insofern erfüllt die Tangentialebene dieselbe Funktion wie die Tangente für Funktionen mit einer Veränderlichen.

Lösung 14.9 Um die in der Aufgabe angegebene Verallgemeinerung des MWS zu beweisen, definiert man zunächst die Funktion $h(t) = f(tx+(1-t)y)$. Aufgrund des Mittelwertsatzes für den eindimensionalen Fall gibt es ein $t \in (0,1)$ mit $h'(t) = h(1) - h(0) = f(x) - f(y)$. Mit Hilfe der Kettenregel folgt dann $h'(t) = Df(tx+(1-t)y)(x-y)$, womit die Behauptung bewiesen ist.
[Bemerkung: Es gibt im Mehrdimensionalen keinen echten Mittelwertsatz. Dies hier ist ein eindimensionaler Ersatz, indem man einfach die eindimensionale Gerade durch x und y betrachtet.]

Lösung 14.10

a) „zu Fuß": $h(t) = t^2 + t^4$, $h'(t) = 2t + 4t^3$; mit Hilfe der Kettenregel folgt:
$$h'(t) = 2t \cdot 1 + 2t^2 \cdot 2t = 2t + 4t^3$$

b) „zu Fuß": $h(t) = \frac{t}{1-t}$, $h'(t) = \frac{(1-t)-t(-1)}{(1-t)^2} = \frac{1}{(1-t)^2}$; mit Hilfe der Kettenregel folgt:
$$h'(t) = \frac{1}{1-t} \cdot 1 - \frac{t}{(1-t)^2} \cdot (-1) = \frac{1}{(1-t)^2}$$

c) „zu Fuß": $h(t) = \sqrt{e^t \cdot e^{-t}} = 1$, $h'(t) = 0$; mit Hilfe der Kettenregel folgt:
$$h'(t) = \frac{e^{-t}}{2} e^t + \frac{e^t}{2} (-e^{-t}) = 0$$

Lösung 14.11

a) Isoquanten entsprechen den Indifferenzkurven, nun aber bezogen auf Kombinationen von Produktionsfaktoren, die zu gleichem „output" führen.

b) Nachfolgend sind zwei mögliche Lösungsansätze beschrieben: ein direkter Ansatz sowie ein indirekter unter Verwendung des Satzes über implizite Funktionen.

Um die Isoquante zum Niveau 1,2 zu bestimmen, muss man folglich berechnen:
$$f(A, K) = \left(K^{0,1} + A^{0,7}\right)^{0,3} \stackrel{!}{=} 1,2.$$

Durch Umformung erhält man:
$$K^{0,1} = (1,2)^{10/3} - A^{0,7}$$

bzw.
$$K = \left[(1,2)^{10/3} - A^{0,7}\right]^{10}.$$

Für die Steigung der Isoquanten gilt somit:
$$-7 \cdot A^{-0,3} \left[(1,2)^{10/3} - A^{0,7}\right]^9$$

und für $A = 0,5$ gilt für die Steigung
$$-7 \cdot (0,5)^{-0,3} \left[(1,2)^{10/3} - (0,5)^{0,7}\right]^9.$$

Die Steigung der Isoquanten läßt sich aber auch mit Hilfe des Satzes über implizite Funktionen bestimmen. In diesem Fall erhält man:
$$f(A, i(A)) = \left(i(A)^{0,1} + A^{0,7}\right)^{0,3},$$

wobei $i(A)$ die Isoquante darstellt. Zusätzlich gilt für die erste Ableitung von i:
$$i'(A) = -\frac{\frac{\partial f}{\partial A}(A, i(A))}{\frac{\partial f}{\partial K}(A, i(A))} = -7\frac{i(A)^{0,9}}{A^{0,3}},$$

also
$$i'(0,5) = -7\frac{i(0,5)^{0,9}}{(0,5)^{0,3}}.$$

Da (wie oben berechnet)
$$i(0,5) = \left[(1,2)^{10/3} - (0,5)^{0,7}\right]^{10}$$

gilt, erhält man schließlich wie zuvor
$$i'(0,5) = -7\frac{\left[(1,2)^{10/3} - (0,5)^{0,7}\right]^9}{(0,5)^{0,3}}.$$

Lösung 14.12 Mit Hilfe des Satzes über implizite Funktionen erhält man:
$$f(x, i(x)) = x^2 i(x)^2 - x^3 i(x)^4,$$
$$i'(x) = -\frac{\frac{\partial f}{\partial x}(x, i(x))}{\frac{\partial f}{\partial y}(x, i(x))} = -\frac{2i(x) - 3xi(x)^3}{2x - 4x^2 i(x)^2}.$$

Im Punkt $(1, 2)$ gilt für die Steigung: $i'(1) = -\frac{10}{7}$; um weder an Höhe zu gewinnen noch zu verlieren, muss man in Richtung $(7, -10)$ bzw. $(-7, 10)$ laufen. Im Punkt $(3, 3)$ gilt für die Steigung: $i'(3) = -\frac{237}{318}$, d. h. man muss in Richtung $(318, -237)$ bzw. $(-318, 237)$ laufen.

15
Optimierung II

Aufgaben

Aufgabe 15.1 Sei $U \subseteq \mathbb{R}^p$ offen und $F : U \to \mathbb{R}$ zweimal stetig differenzierbar. Welche Bedingungen müssen für den Gradienten und die Hesse-Matrix von F erfüllt sein, damit $x^* \in U$ ein lokales Maximum beziehungsweise lokales Minimum darstellt?

Aufgabe 15.2 Überprüfen Sie die folgenden Funktionen $f : \mathbb{R}^2_+ \to \mathbb{R}$ auf Konvexität bzw. Konkavität:

a) $f_1(x,y) = xy$

b) $f_2(x,y) = (xy)^{1/8}$

c) $f_3(x,y) = \log(x^2 + y^2)$

d) $f_4(x,y) = x\log(x) + \sqrt{y}$

e) $f_5(x,y) = y\log x$

Aufgabe 15.3 Berechnen Sie das Maximum folgender Funktionen $f_i : \mathbb{R}^2_+ \to \mathbb{R}$ ($i = 1, 2, 3$) unter der Nebenbedingung $g(x,y) = 0$:

a) $f_1(x,y) = x + y$, $\quad g_1(x,y) = x^2 + y^2 - 1$

b) $f_2(x,y) = \log(x) + \log(y)$, $\quad g_2(x,y) = x + 3y - 4$

c) $f_3(x,y) = (xy)^{1/3}$, $\quad g_3(x,y) = x + y^2 - 2$

Aufgabe 15.4 Sie haben ein Stück Draht der Länge $10m$, mit dem Sie ein Rechteck einzäunen sollen. Bestimmen Sie das Rechteck mit der maximalen Fläche.

Aufgabe 15.5 Die Nutzenfunktion des betrachteten Konsumenten sei gegeben durch:
$$U(x,y) = 2 - e^{-x} - e^{-y}.$$
Zudem unterliegt der Konsument der Budgetbedingung $x + py \leq 1$ mit $p > 0$.

a) Zeigen Sie, dass die Nutzenfunktion strikt konkav ist.

b) Lösen Sie das Nutzenmaximierungsproblem mit dem Lagrangeansatz und bestimmen Sie, für welche Parameter p sich ein negativer Wert für y^* ergibt.

c) Lösen Sie für $p = 3$ das Problem mit der Kuhn–Tucker–Methode.

Aufgabe 15.6 Eine Firma produziert Handtücher mit der strikt konkaven Produktionsfunktion $f(x,y)$. Die Kosten der „inputs" x und y seien 1 bzw. w.

a) Die Firma möchte 100 Handtücher so billig wie möglich produzieren. Stellen Sie das entsprechende Minimierungsproblem auf und leiten Sie die notwendige Bedingung erster Ordnung her.

b) Prüfen Sie, ob die Bedingungen auch hinreichend für ein Minimum sind.

Lösungen

Lösung 15.1 Sei $U \subseteq \mathbb{R}^p$ offen und $F : U \to \mathbb{R}$ zweimal stetig differenzierbar. Ferner gelte $\nabla F(x^*) = 0$ für ein $x^* \in U$. Wenn die Hesse-Matrix $HF(x^*)$ negativ (positiv) definit ist, so ist x^* ein lokales Maximum (Minimum).

Lösung 15.2 Man überprüft die Hesse–Matrix mit Hilfe des Hurwitz–Kriteriums auf Definitheit.

a) Für f_1 gilt:
$$\det \text{Hesse } f_1(x,y) = \det \begin{pmatrix} 0 & 1 \\ 1 & 0 \end{pmatrix}$$
$$= -1$$
$$< 0.$$

Die Hesse–Matrix von f_1 ist also indefinit, sodass f_1 weder konkav noch konvex ist.

b) Für f_2 gilt:
$$\det \text{Hesse } f_2(x,y) = \det \begin{pmatrix} -\frac{7}{64}x^{-15/8}y^{1/8} & \frac{1}{64}(xy)^{-7/8} \\ \frac{1}{64}(xy)^{-7/8} & -\frac{7}{64}x^{1/8}y^{-15/8} \end{pmatrix}$$
$$= \frac{3}{256}(xy)^{-7/4}$$
$$> 0.$$

Da der Eintrag in der oberen linken Ecke negativ ist, folgt, dass die Hesse-Matrix von f_2 negativ definit ist. f_2 ist also konkav.

c) Für f_3 gilt:
$$\det \text{Hesse } f_3(x,y) = \det \begin{pmatrix} \frac{-2x^2+2y^2}{(x^2+y^2)^2} & -\frac{4xy}{(x^2+y^2)^2} \\ -\frac{4xy}{(x^2+y^2)^2} & \frac{2x^2-2y^2}{(x^2+y^2)^2} \end{pmatrix}$$
$$= \frac{-4(x^2+y^2)^2}{(x^2+y^2)^4}$$
$$= -\frac{4}{(x^2+y^2)^2}$$
$$< 0.$$

Die Hesse-Matrix von f_3 ist also indefinit und f_3 somit weder konkav noch konvex.

d) Für f_4 gilt:

$$\det \text{Hesse } f_4(x,y) = \det \begin{pmatrix} \frac{1}{x} & 0 \\ 0 & -\frac{1}{4(\sqrt{y})^3} \end{pmatrix}$$

$$= -\frac{1}{4x(\sqrt{y})^3}$$

$$< 0.$$

Die Hesse-Matrix von f_4 ist also indefinit und f_4 weder konkav noch konvex.

e) Für f_5 gilt:

$$\det \text{Hesse } f_5(x,y) = \det \begin{pmatrix} -\frac{y}{x^2} & \frac{1}{x} \\ \frac{1}{x} & 0 \end{pmatrix}$$

$$= -\frac{1}{x^2}$$

$$< 0.$$

Auch die Hesse-Matrix von f_5 ist also indefinit und f_5 weder konkav noch konvex.

Lösung 15.3

a) Da $\nabla g_1(x^*, y^*) = (2x^*, 2y^*) \neq 0$ gilt, existiert ein Lagrangemultiplikator $\lambda^* \in \mathbb{R}$ mit:

$$1 = 2\lambda^* x^* \text{ und } 1 = 2\lambda^* y^*, \text{ also } x^* = y^*.$$

Die Lösung erhält man aus der Nebenbedingung $(x^*)^2 + (y^*)^2 = 1 \Leftrightarrow 2(x^*)^2 = 2(y^*)^2 = 1 \Leftrightarrow x^* = y^* = \sqrt{\frac{1}{2}}$ (es kommt nur die positive Lösung in Frage). Da die Lagrangefunktion $L(x, y, \lambda) = x + y - \lambda(x^2 + y^2 - 1)$ in (x, y) konkav ist, handelt es sich auch tatsächlich um ein Maximum:

$$\det \text{Hesse } L(x,y,\lambda) = \det \begin{pmatrix} -2\lambda & 0 \\ 0 & -2\lambda \end{pmatrix} = 4\lambda^2 > 0.$$

Ausgewertet an $(x^*, y^*, \lambda^*) = \left(\sqrt{\frac{1}{2}}, \sqrt{\frac{1}{2}}, \sqrt{\frac{1}{2}}\right)$ ist der erste führende Hauptminor negativ. Nach dem Hurwitz–Kriterium ist somit L konkav in (x, y) und somit (x^*, y^*) ein lokales Maximum.

b) Da $\nabla g_2(x^*, y^*) = (1, 3) \neq 0$ gilt, existiert ein Lagrangemultiplikator $\lambda^* \in \mathbb{R}$ mit:
$$\frac{1}{x^*} = \lambda^* \text{ und } \frac{1}{y^*} = 3\lambda^*, \text{ also } x^* = 3y^*.$$

Die Lösung erhält man aus der Nebenbedingung $x^* + 3y^* = 4 \Leftrightarrow 2x^* = 4 \Leftrightarrow x^* = 2$ und somit $y^* = \frac{x^*}{3} = \frac{2}{3}$. Da die Lagrangefunktion $L(x, y, \lambda) = \log(x) + \log(y) - \lambda(x + 3y - 4)$ in (x, y) konkav ist, handelt es sich auch tatsächlich um ein Maximum:

$$\det \text{Hesse } L(x, y, \lambda) = \det \begin{pmatrix} -\frac{1}{x^2} & 0 \\ 0 & -\frac{1}{y^2} \end{pmatrix} = \frac{1}{x^2 y^2} > 0.$$

Ausgewertet an $(x^*, y^*, \lambda^*) = \left(2, \frac{2}{3}, \frac{1}{2}\right)$ ist der erste führende Hauptminor negativ. Nach dem Hurwitz–Kriterium ist somit L konkav in (x, y) und somit (x^*, y^*) ein lokales Maximum.

c) Da $\nabla g_3(x^*, y^*) = (1, 2y^*) \neq 0$ gilt, existiert ein Lagrangemultiplikator $\lambda^* \in \mathbb{R}$ mit:
$$\frac{1}{3} y^* (x^* y^*)^{-2/3} = \lambda^* \text{ und } \frac{1}{3} x^* (x^* y^*)^{-2/3} = 2\lambda^* y^*, \text{ also } x^* = 2(y^*)^2.$$

Die Lösung erhält man aus der Nebenbedingung
$$x^* + (y^*)^2 = 2 \Leftrightarrow 3(y^*)^2 = 2 \Leftrightarrow y^* = \sqrt{\frac{2}{3}}$$

(es kommt nur die positive Lösung in Frage) und somit $x^* = \frac{4}{3}$. Die Lagrangefunktion
$$L(x, y, \lambda) = (xy)^{1/3} - \lambda(x + y^2 - 2)$$

ist konkav in (x, y), daher handelt es sich bei der Lösung auch tatsächlich um ein Maximum:

$$\det \text{Hesse } L(x, y, \lambda) = \det \begin{pmatrix} -\frac{2}{9} y^2 (xy)^{-5/3} & \frac{1}{9}(xy)^{-2/3} \\ \frac{1}{9}(xy)^{-2/3} & -\frac{2}{9} x^2 (xy)^{-5/3} - 2\lambda \end{pmatrix}$$
$$= \frac{1}{27}(xy)^{-4/3} + \frac{4}{9}\lambda x^{-5/3} y^{1/3}$$

Ausgewertet an

$$(x^*, y^*, \lambda^*) = \left(\frac{4}{3}, \sqrt{\frac{2}{3}}, \frac{1}{3}\sqrt{\frac{2}{3}}\left(\frac{4}{3}\sqrt{\frac{2}{3}}\right)^{-2/3}\right)$$

ergibt sich

$$\det \text{Hesse}\, L(x^*, y^*, \lambda^*) = \frac{1}{27}(\frac{4}{3})^{4/3}(\frac{3}{2})^{4/6} + \frac{4}{27}(\frac{2}{3})^{2/3}(\frac{3}{4})^{7/3}(\frac{3}{2})^{1/3}$$
$$> 0\,.$$

Der erste führende Hauptminor ist außerdem negativ. Nach dem Hurwitz–Kriterium ist somit L konkav in (x, y) und somit (x^*, y^*) ein lokales Maximum.

Lösung 15.4 Die Fläche eines Rechtecks mit Seitenlänge x und y ist gegeben durch $x \cdot y$. Diese Fläche soll nun maximiert werden unter der Nebenbedingung $2x + 2y - 10 = 0$. Es gilt also:

$$\max_{x,y \in \mathbb{R}^+} x \cdot y \quad \text{sodass} \quad 2x + 2y - 10 = 0.$$

Da $\nabla(x + y - 5) = (1, 1) \neq 0$ gilt, existiert ein Lagrangemultiplikator $\lambda \in \mathbb{R}$ mit:

$$y^* = \lambda \text{ und } x^* = \lambda, \text{ also } x^* = y^*.$$

Die Lösung erhält man aus der Nebenbedingung

$$x^* + y^* = 5 \Leftrightarrow 2x^* = 2y^* = 5 \Leftrightarrow x^* = y^* = 2.5.$$

Man möchte die Funktion xy auf der Geraden $x+y-5 = 0$ maximieren. Da für $x = 0$ bzw. $y = 0$ die zu maximierende Funktion Null ist und zusätzlich auf der Geraden nur ein kritischer Punkt existiert, nämlich (x^*, y^*), an dem die zu maximierende Funktion größer als Null ist, nämlich $2.5 \cdot 2.5 = 6.25$, muss dieser kritische Punkt ein Maximum sein.

Lösung 15.5

a) Die Determinante der Hesse–Matrix ist gegeben durch:

$$\det \text{Hesse}\, U(x, y) = \det \begin{pmatrix} -e^{-x} & 0 \\ 0 & -e^{-y} \end{pmatrix} = e^{-x} e^{-y} > 0.$$

Zudem ist der erste führende Hauptminor negativ. Nach dem Hurwitz–Kriterium ist U somit strikt konkav.

b) Da $\nabla(x + py - 1) = (1, p) \neq 0$, existiert kein kritischer Punkt im Inneren des erlaubten Bereiches. Es existiert jedoch ein Lagrangemultiplikator $\lambda^* \in \mathbb{R}$ mit:

$$e^{-x^*} = \lambda^* \text{ und } e^{-y^*} = p\lambda^*, \text{ also } x^* - \ln(p) = y^*.$$

Die Lösung erhält man durch Umformung aus der (mit Gleichheit erfüllten) Nebenbedingung

$$x^* + py^* = 1 \Leftrightarrow x^* + p(x^* - \ln(p)) = 1 \Leftrightarrow x^* = \frac{1 + p\ln(p)}{1 + p}$$

und somit

$$y^* = \frac{1 - \ln(p)}{1 + p}.$$

Ein negatives y^* erhält man für

$$\frac{1 - \ln(p)}{1 + p} < 0 \Leftrightarrow p > e.$$

Die Lagrangefunktion $L(x, y, \lambda) = 2 - e^{-x} - e^{-y} - \lambda(x + py - 1)$ ist konkav in (x, y), daher handelt es sich bei der Lösung auch tatsächlich um ein Maximum. Dies sieht man daran, dass die Hesse–Matrix der Lagrangefunktion gleich der Hesse–Matrix der Nutzenfunktion unter Aufgabenteil a) ist.

c) Die Bedingungen erster Ordnung entsprechen denen aus Aufgabenteil b), also gilt:

$$e^{-x^*} = \lambda^* \text{ und } e^{-y^*} = 3\lambda^*,$$

das heißt

$$x^* = -\ln(\lambda^*) \text{ und } y^* = -\ln(3\lambda^*).$$

Ferner gelte nach der „complementary slackness condition": $\lambda^* = 0$, wenn $x^* + 3y^* - 1 < 0$. $\lambda^* = 0$ ist aber nicht möglich, da die Exponentialfunktion nie Null wird. Das heißt, $x^* + 3y^* - 1 = 0$ muss mit Gleichheit erfüllt sein und man kann den gleichen Ansatz verfolgen wie im Aufgabenteil b). Es gilt also:

$$y^* = \frac{1 - \ln(3)}{4} \text{ und } x^* = \frac{1 + 3\ln(3)}{4}$$

Lösung 15.6

a) Zu minimieren sind die Kosten $x + wy$ unter der Nebenbedingung $f(x, y) = 100$. Unter der Annahme, dass gilt: $\nabla f(x^*, y^*) \neq 0$, existiert ein Lagrangemultiplikator $\lambda^* \in \mathbb{R}$ mit:

$$1 = \lambda^* \frac{\partial f}{\partial x}(x^*) \text{ und } w = \lambda^* \frac{\partial f}{\partial y}(y^*), \text{ also } \frac{\partial f}{\partial y}(y^*) = w \frac{\partial f}{\partial x}(x^*).$$

b) Die Bedingungen sind nicht hinreichend für ein Minimum. Nachfolgend ist ein Gegenbeispiel angegeben: Sei $w = 1$ und $f(x, y) = 102 - x^2 - y^2$. Nach den Bedingungen aus Aufgabenteil a) gilt hier $-2y^* = -2x^*$ und daher $x^* = y^*$ sowie $102 - (x^*)^2 - (y^*)^2 = 100$. Daraus folgt $x^* = y^* = \pm 1$, wobei das positive Ergebnis das Maximum und das negative Ergebnis das Minimum ergibt.

Riedel, Frank, **Wichardt**, Philipp C.:

Mathematik für Ökonomen

Reihe: Springer-Lehrbuch
2. Auflage 2009, Etwa 334 S., Softcover
ISBN: 978-3-642-03648-4

Der moderne Wirtschaftswissenschaftler hat profunde Kenntnisse der Mathematik. Mit Hilfe mathematischer Methoden werden heute etwa Optionsscheine an der Börse bewertet oder Auktionen entworfen. Zudem bildet die Mathematik die Basis für empirisches Arbeiten mit Hilfe statistischer Methoden. In allen Arbeitsfeldern des Ökonomen ist somit eine gute ökonomische Intuition gepaart mit mathematischem Sachverstand unerlässlich geworden. Im Unterschied zu vielen anderen Lehrbüchern beschränkt sich dieses Buch nicht auf die Besprechung der verschiedenen Methoden und auf ein reines Aufreihen der verschiedenen Regeln und Theoreme. Vielmehr beweisen die Autoren die wichtigsten Aussagen, um dem Leser ein Verständnis für die Richtigkeit mathematischer Aussagen und Beweistechniken zu vermitteln. Des Weiteren werden alle mathematischen Methoden auch an Hand von ökonomischen Beispielen verdeutlicht.

Printed by Books on Demand, Germany